El caballo de Jerez de la Frontera, desde los almohades a la actualidad

Eduardo Agüera Carmona

UCOPress
Editorial Universidad de Córdoba

A mi esposa Marisa, a mi hija Marta y a mi nieta Marisa,
además de por el cariño que les tengo,
por su colaboración en la confección de esta obra.

El caballo de Jerez de la Frontera, desde los almohades a la actualidad.– Córdoba :
UCOPress. Editorial Universidad de Córdoba, 2025
25,5 x 23,5 cm, 232 pp., il. color
THEMA: TVHE

    Eduardo Agüera Carmona

Este libro ha sido cofinanciado por el Ilustre Colegio de Veterinarios de Cádiz.
Asimismo ha contado con la colaboración técnica de UCOCultura.

EL CABALLO DE JEREZ DE LA FRONTERA, DESDE LOS ALMOHADES A LA ACTUALIDAD

© Eduardo Agüera Carmona

© Edita: UCOPress. Editorial Universidad de Córdoba, 2025
    Campus Universitario de Rabanales
    Ctra. Nacional IV, Km 396. 14071 Córdoba (España)
    Tel.: (+34) 957 212 165
    https://ucopress.uco.es • ucopress@uco.es

ISBN: 978-84-9927-905-3
e-ISBN: 978-84-9927-906-0
DL: CO 1514-2025

Esta editorial es miembro de la UNE, lo que garantiza la difusión y comercialización de sus publicaciones a nivel nacional e internacional.

Corrección: Coral Cambarau

Diseño y maquetación: Sonia Peinado. UCOCultura

Impresión: Grafer Impresores, S. L. · Tel. 957 326 627

 Impreso en papel ecológico

Impreso en España · Printed in Spain

Índice

Introducción

Es una apuesta personal escribir sobre los caballos de Jerez, pues como la mayoría sabéis mi principal vertiente ecuestre está relacionada con la Historia de los caballos de Córdoba, sus «Caballerizas Reales» y con «Moratalla». Sin embargo, a pesar de la idea que tengáis sobre mi procedencia, desde aquí quiero desvelar que el lugar de mi nacimiento fue precisamente en tierras de Jerez. Mi padre fue veterinario militar de esta plaza y en Jerez al cobijo de su tío, José Agüera Román, también veterinario, inició su carrera profesional. Luego el destino sitúo a mi padre en Córdoba, donde yo mismo también he desarrollado mi vida profesional.

Para cumplir el objetivo que se pretende, quiero abordar la presentación de esta obra «Los caballos de Jerez» como un homenaje a esta tierra, por tratarse de una de las zonas del planeta más famosa por los caballos que cría. Esto que me propongo abordar ya lo han acometido otros ilustres ponentes locales como don José de las Cuevas: «Los caballos de Jerez» (1955) en aportación a la semana del caballo celebrada en 1954, y más recientemente mi amigo Felipe Morenés: «El caballo en la Historia de Jerez» (2021), utilizando su aportación como discurso de ingreso a la Academia de San Dionisio de esta ciudad, o también por lo aportado sobre el tema en el magnífico libro de «Al-Ándalus y el caballo» (1995) propiciado por el propio Ayuntamiento de Jerez. Tampoco podemos olvidar, entre otras, las actuaciones de don Álvaro Domecq y Díez, emblemático jinete y también alcalde, por todos conocido por sus iniciativas favorables al mundo ecuestre y la equitación durante toda su vida, sobresaliendo su propósito de incrementar la relación «Jerez y el caballo». Y también la de su hijo y amigo Álvaro Domecq Romero, responsable principal de la creación de la Real Escuela de Arte Ecuestre instalada en el Palacio de las Cadenas. Tampoco se debe olvidar a su también alcalde Pedro Pacheco quien además de llenar la ciudad de esculturas ecuestres logró nada más y nada menos que organizar los IV Juegos Ecuestres mundiales –Jerez 2002–.

Y bien, la historia de los caballos de Jerez se extiende en el tiempo desde las continuas invasiones de caballos bereberes llegados principalmente en época almohade; así como el refinado de estos (caballos) para que los jinetes cristianos salieran airosos de las cabalgadas propiciadas durante la reconquista: *el caballo de la frontera* –Jerez de la Frontera–. O la época de esplendor de los caballos jerezanos proporcionados por los padres cartujos, mediante la selección y cría de sus caballos en los terrenos de la Cartuja de Nuestra Señora de la Defensión, *–los caballos cartujanos–*. Y también por el conocimiento y mimo que pusieron los ganaderos jerezanos durante el siglo XIX, quienes obtuvieron, sin duda, *sublimes caballos jerezanos*. Así como por las iniciativas tomadas durante el siglo XX, la época dorada de Jerez y el caballo, donde aficionados y autoridades jerezanas llevaron a organizar, entre otras, la semana del caballo, validar la Feria de Jerez como Feria del caballo, crearon la Real Escuela de Arte Ecuestre, y organizaron los IV Juegos Ecuestres mundiales en 2002.

Todo ello siempre sucedió bajo la tutela y buen hacer de los ganaderos de las tierras de Jerez que saben mucho de caballos y conocen bien como mejorar sus ejemplares.

El caballo de Jerez de la Frontera, desde los almohades a la actualidad

Eduardo Agüera Carmona

Conferencia impartida como ponencia central del XXVII Congreso Nacional y XVIII Iberoamericano de Historia de la Veterinaria, que tuvo lugar en Jerez de la Frontera y Sanlúcar de Barrameda del 21 al 23 de octubre de 2022.

Catedrático Emérito de la Universidad de Córdoba quien durante cuarenta y tres años ostentó la cátedra de Anatomía y Embriología de la Facultad de Veterinaria, fue director del Máster de Equinotecnia (1992-2000) y director del Laboratorio de Locomoción equina (2000-2010) de aquella Universidad. Además, en todo este tiempo la principal línea de investigación estuvo relacionada con la biomecánica de la locomoción del caballo.

Capítulo 1
Los almohades y sus caballos bereberes

Según la historiografía hasta el siglo XI la ciudad de Jerez era prácticamente insignificante, pues en época andalusí la Cora musulmana del Sur peninsular estaba situada en Medina Sidonia –Cora de Sidonia–. Es más, hasta el año 844, coincidiendo con las crónicas sobre el ataque normando sobre la zona, no se tienen referencias de la existencia de Jerez como tal. Ahora bien, abolido el califato Omeya de Córdoba en 1023, Jerez forma parte de una de las taifas[1] musulmanas, pues la historia señala que allí se refugió uno de los califas, al-Qasim Inb Hammud, donde lo asedió y apresó su sobrino Yahya.

Hasta 1069 en que empezó a obtener hegemonía la Taifa de Sevilla, Jerez no comenzó a erigirse como ciudad en el territorio, y hasta que los almohades no tomaron a Sevilla como capital de su Imperio, no se convirtió esta ciudad en el principal centro del sur del Guadalquivir y del Oeste de las Serranías.

Los almohades fueron un grupo de tribus bereberes originarios del Alto del Atlas del Magreb que, entre 1121 y 1269, dominaron el Norte del Magreb y la mitad de la península ibérica. Ellos organizaron el derrocamiento de los almorávides, también bereberes, que les precedieron tanto en el Magreb como en el sur del Al-Ándalus y más tarde dominaron el propio imperio almorávide.

Jerez, ciudad almohade

Los almohades procedentes del Magreb dominaron el Al-Ándalus entre 1145 y 1232. Estos llegaron a Jerez el año 1146 dándole un auge inusitado a la ciudad y a su entorno. Jerez fue la primera ciudad que cayó por capitulaciones en manos almohades. Previamente, la ciudad se había levantado entre 1143 y 1145 contra los almorávides, convirtiéndose durante un tiempo en Reino independiente que fue gobernada por Abu l-Gamar, según Ibn Abi Zar.

---

1 La capital de esta taifa, hasta 1068-1069, fue Arcos.

Durante el periodo almohade, Jerez era una localidad abocada al ejercicio de las armas, esto obligó a reforzar las murallas existentes. Estas defensas protegían un recinto de 46 ha. La muralla estaba presidida por el Alcázar y abierta al exterior (en 1264) por catorce puertas o postigos[2].

En tiempo almohade, la ciudad albergaba 16.000 habitantes (Sevilla que era la capital tenía 83.000 habitantes), los cuales como bereberes gozaban de los atributos propios de aquellos pueblos. Entre estos destacaba la habilidad de sus jinetes y la calidad de los caballos.

Para darnos una idea de la gestión de los almohades en estas tierras, cabe destacar que, coetáneo a ellos, además de en Jerez, estos construyeron entre otros los recintos amurallados de Badajoz (de 26.000 habitantes) y Écija (con 18.000 habitantes). En el Al-Ándalus, en época almohade, las ciudades más importantes además de Sevilla y Córdoba fueron Valencia, Mallorca, Málaga, Granada y Almería. En la época que rememoramos, en el ámbito cristiano tan solo ciudades como Gante o Brujas, podrían equipararse en cuanto a dimensiones y habitantes con las ciudades almohades anteriormente citadas.

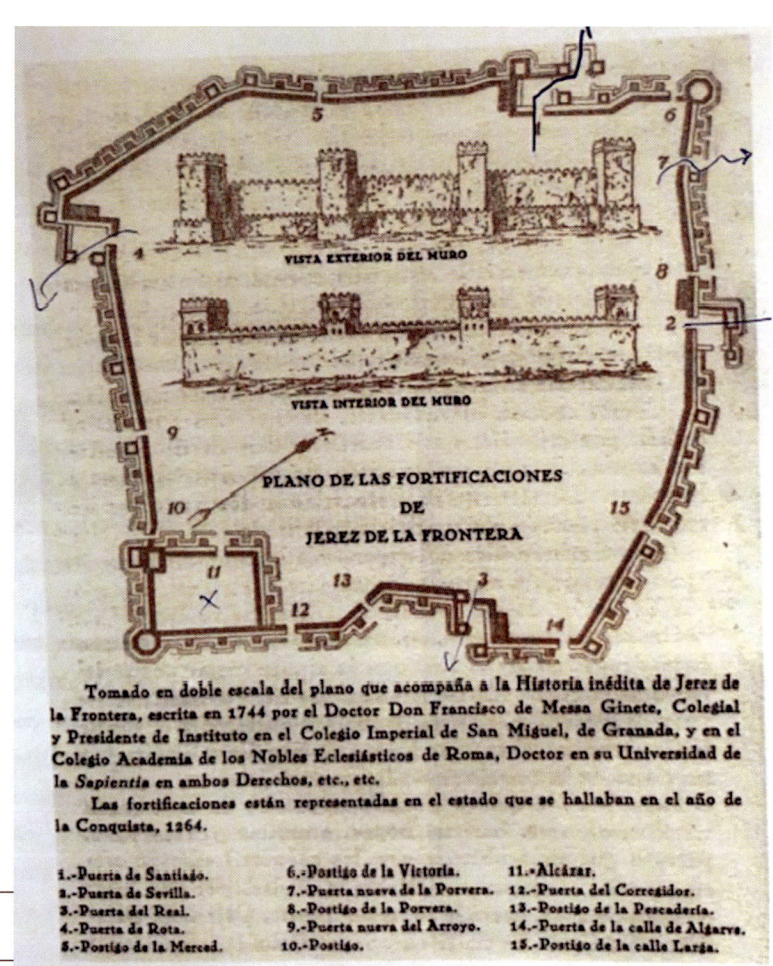

Figura 2. Plano originario de Jerez en época Almohade.

---

2 Las puertas y/o postigos eran los siguientes: puerta de Santiago; de Sevilla; del Real; de Rota; de la Merced; postigo de la Victoria; de la Porvera y nueva del Arroyo; del Postigo (junto al Alcázar); del Corregidor; postigo de Pescaderías; de la calle de Algarve y el postigo de la calle Larga.

El modelo almohade de ciudad era el constituido por un núcleo urbano que desarrollaba una actividad comercial a instancia del Estado, fomentando la producción de explotaciones agrarias dentro del recinto amurallado o en el espacio periurbano.

Las referencias de la ciudad y sus habitantes han llegado hasta nosotros merced al libro de *Los Repartimientos*. Por él conocemos que la ciudad repartió, en 1264, tierras entre 1.828 padres de familias, lo que correspondía a unos 7.000 habitantes. Esta cifra era numéricamente menor a la ciudad almohade, pues, al margen de las donaciones realizadas por Alfonso X a las ordenes militares –las de Santiago, Calatrava y Alcántara–, la ciudad y sus tierras fueron repartidas entre los entonces habitantes. En cualquier caso, algunos hidalgos castellanos como los de las ordenes militares a los que se les donaron inmuebles y/o tierras, abandonaron posteriormente la ciudad por falta de emprendimiento.

Tras el Repartimiento, la ciudad se organizó entorno a las seis collaciones o parroquias siguientes: del Salvador, San Dionisio, San Marcos, San Juan, San Lucas y San Mateo. Además, existían otros dos barrios extramuros: el de Santiago y el de San Miguel, en torno a dos conventos existentes de referencia.

Los almohades en el bajo Guadalquivir, como buenos conocedores de los caballos, la calidad del territorio y clima propicio, criaron excelentes ejemplares. Sin embargo, estos debieron ser numéricamente deficitarios, al menos en lo que se refiere a su necesario empleo en las batallas intervinientes, pues los almohades (y antes los almorávides, 1085-1143, y luego los benimerines, 1244-1465) trasladaron miles de caballos desde el Magreb a la Península.

Figura 3. Torreón de la muralla de Jerez construida en época almohade.

El caballo bereber tenía una alzada mediana, esta estaría alrededor de 1,50 m. Eran caballos de cabeza y cuello de mediano tamaño, bien conformados y proporcionados a su masa corporal que contaba con un tronco consistente y con una grupa algo inclinada, aunque bien musculada. Sus miembros estaban bien configurados y sus extremos finos y limpios.

Por las referencias históricas recibidas y el modo peculiar de combatir del musulmán mediante el *torna et fuye* (atacar y correr), en la locomoción de este caballo primaba la velocidad y agilidad de movimientos, por ello debían de tratarse de caballos buenos galopadores y muy resistentes, y su locomoción estaba dotada de un excelente paso y un excepcional trote.

La monta característica de los pueblos del islam era la monta *a la jineta*. Esta se caracteriza por el uso de estribos cortos, hecho que obliga al jinete a doblar ligeramente las piernas y acondicionar las rodillas que quedan junto a una liviana montura o silla de montar. De este modo se posibilita dominar el caballo mediante la presión de las rodillas sobre su tronco, y lo más importante, al conducir el animal con las piernas, se domina al caballo de atrás hacia adelante. Este hecho posibilita que la rienda y el bocado ofrezcan en la conducción del animal una labor más subsidiaria, con lo que el jinete se puede permitir llevar las riendas muy sueltas, facilitando al caballo actuar con mayor libertad de movimientos en aras de lograr su máxima velocidad y facilidad de galope.

Como ha sido apuntado, la monta a la jineta es otra costumbre heredada del Al Ándalus, especial-

Figura 4. Imagen del fresco donde se representan dos combatientes a caballo (almohade y cristiano) existente en la Sala Capitular del Castillo de Calatrava la Nueva, sito en el término municipal de Aldea del Rey (Ciudad Real). Imagen cedida por la Junta de Castilla-La Mancha, © JCCM.

mente traído a la península por los bereberes. Al-Hakam II ya disfrutaba de esta monta y de sus cabalgaduras. Un pasaje cronístico que conserva un valioso testimonio de la excelente monta bereber y de su reconocimiento en Al Ándalus, lo transfiere Viguera Molins (2018). Al reseñar una crónica del cordobés Ibn Hayyan, refiere un episodio ocurrido en la corte de Al Hakam II titulado «Relato de como el califa se aficionó a los jinetes bereberes ultramarinos después de haberles tenido aversión». Este relato dice:

Llegó a asomarse desde la alcazaba de la Dar al-rujam (casa de mármol), en cuyo patio hacían alarde los soldados que recibían las pagas, para contemplar a los jinetes bereberes, cuando evolucionaban jugando, y no les quitaba ojo, lleno de asombro. «Mirad –decía a los que le rodeaban– con que naturalidad se tienen estas gentes a caballo». Parece que es a ellos a quienes alude el poeta (Mutanabi) cuando dice:

Diríase que (los caballos) nacieron debajo de ellos,

Y que ellos nacieron sobre sus lomos.

¡Qué asombrosa manera de manejarlos, como si los caballos comprendiesen sus palabras!

Y bien, el caballo heredado del Al Ándalus, el que poblaba el sur, el que se criaba en tierras de Jerez, contaba con una

Figura 5. Imágenes del siglo XIII editada en las Cántigas de Santa María, con representación de caballos y ejércitos cristianos y musulmanes. Alfonso X, Rey de Castilla y León. Biblioteca de la Universidad de Córdoba. Imágenes obtenidas en El escorial.

población (numérica) abundante, como corresponde a estar ubicado en una de las regiones ambientales mejor dotadas para este tipo de cría: sus ejemplares, caballos y yeguas, vivían en un clima benigno, bajo el sol luminoso de Andalucía, bebían en aguas del Guadalquivir o del Guadalete, alimentados con pastos y granos abundantes, y siempre con la extensión de la dehesa para galopar. En este hábitat, sin duda, siempre se criaron y aún se crían abundantes y buenos caballos.

Capítulo 2
El caballo de La Frontera (Cristiano-Nazarí)

Jerez fue tomada (a los almohades) para los cristianos el 9 de octubre de 1264 por Alfonso X y, dada la situación estratégica que la ciudad ocupaba en la frontera cristiano-nazarí (1232-1492), esta se consolidó desde entonces como ciudad de frontera: Jerez de la Frontera. Y según Hipólito Sancho de Sopranis, «la plaza llave de toda la frontera».

Figura 6. Mapa de la Península Ibérica del siglo XIV.

Hasta 1340 (batalla del Salado) Jerez fue un territorio especialmente acosado por los meriníes o benimerines que estaban establecidos en las proximidades de Gibraltar. No obstante, en esta época (1300) es cuando, por parte de los caballeros jerezanos, se produce la toma del castillo de Tempul, territorio donde se parapetaban parte de aquellos contingentes musulmanes. Por haber conquistado aquel castillo (de Tempul), Fernando IV donó al cabildo de la ciudad las tierras que ocupaban el mismo. Ello es el origen por el que el término de Jerez de la Frontera se extendiera hasta la sierra (más tarde, Montes Propios) y llegase a ser uno de los mayores términos de España.

Con posterioridad a 1340, Jerez se erigió como «el núcleo de población» más importante de la frontera (cristiano-nazarí) del Bajo Guadalquivir, desempeñando a partir de entonces actividades de centro organizador de la misma, al menos en la parte cercana a sus territorios. Esto motivó que la ciudad durante los siglos XIV y XV se conformara como principal proveedor de caballos y tropas de la frontera, a fin de socorrer las distintas conquistas cristianas que se iban produciendo en tierras nazaríes.

Aunque los problemas bélicos se fueron alejando de la ciudad a partir de mediados del siglo XIV, no por ello Jerez alcanzó su propio sosiego, pues los intereses de las distintas casas señoriales locales dominantes provocarían muchos años de conflictos. Así ocurrió en la crisis sucesoria que enfrentó a Pedro I con su hermano Enrique de Trastámara. En estas circunstancias la ciudad se dividió en dos bandos: *los de Villavicencio* que apoyaban al rey, y *los Vargas* que eran partidarios del bastardo. La muerte de Pedro I trajo el triunfo de los Vargas, y ocasionó la fuga de los Villavicencio. Estos estuvieron ausentes de las tierras de Jerez hasta que Juan I, tras una visita a la ciudad en 1380, los perdonó y los Villavicencio volvieron a su tierra.

Ahora bien, a nadie escapa que los caballos de las tierras de Jerez, así como los ejemplares criados en Sanlúcar y Medina Sidonia, y/o los producidos en la cercana Niebla, jugaron un papel importante en la reconquista de Granada. Estos caballos, afamados por sus excelencias, además durante el conflicto se fueron seleccionado para ser los mejor utilizados en las cabalgadas, actividades que se realizaban muy a menudo durante aquellas guerras fronterizas (véase Agüera 2021).

La selección equina orientada en pos de aquel objetivo (cabalgadas), lograron que la cabaña (equina) de estas tierras mejorara genéticamente, especialmente en lo concerniente a su locomoción, convirtiéndose sus afamados ejemplares en los caballos más deseados de la frontera. Por ello, como ha sido apuntado durante la guerra de Granada, dichos caballos y sus jinetes fueron los principales protagonistas y los responsables de acabar con la frontera cristiano-nazarí.

No se debe olvidar que en los casi dos siglos y medio que duró «la frontera cristiano-nazarí», hubo escasas batallas de las consideradas como convencionales: un ejército contra otro. Porque en tiempos de la frontera, al margen de algunas batallas concretas –la batalla del Estrecho, la batalla del Salado, la de Sierra Elvira, de la Higueruela, de los Alporchones y/o la guerra de Granada– realizadas entre ejércitos al modo convencional de la época, donde primaba la caballería pesada, la guerra entre castellanos y nazaríes se libró mediante asedios (a ciudades o villas), la tala de territorios sensibles y lo más usual en el caso, mediante cabalgadas de unos y otros que generaban incursiones y correrías en territorio enemigo. Con las cabalgadas se intentaba debilitar al enemigo y para las mismas se requería contar con caballos ágiles, veloces y resistentes –como los criados en aquella época en las tierras de Jerez– que permitieran salir con bien de la correspondiente fechoría.

¿Cómo era el llamado caballo de la «frontera»?

Esto, sin duda, resulta difícil de desvelar, pues, aunque algunos historiadores (González Jiménez, Carmona, González Arévalo y otros) aportan textos donde tratan hechos concernientes al caballo, lo cierto es que en ninguno de estos artículos se realiza una descripción morfológica concreta de dicho caballo. Además, las imágenes heredadas de la época (bajomedieval) –las *Cántigas de Santamaría* de Alfonso X, las de la casa del Partal de Granada con sus escenas de caza, o bien de la reunión de los reyes nazaríes en el Salón de Reyes (la Alhambra)– donde se representan ejemplares de estos equinos, tampoco nos permiten identificar el morfotipo que imperaba en aquellos caballos. A decir verdad, estas escenas ecuestres resultan más expresivas para evidenciar la monta y los equipos de combate de unos y otros (cristianos y musulmanes) que para hacernos una idea real del tipo o los tipos de caballos existentes en aquella contienda.

Así pues, al no poder contar con textos y/o imágenes que nos desvelen cuales eran las poblaciones caballares originales a cada lado de la frontera, nos obliga, después de leer detenidamente los artículos de mis colegas historiadores, a exponer, desde la lejanía de los tiempos, mi opinión sobre el posible tipo de caballo utilizado en la frontera cristiano-nazarí.

No obstante, vaya por delante que un buen potro (y estamos hablando de un mejor caballo):

> ha de tener la cabeza pequeña, el cuello largo, las orejas enjutas, agudas, levantadas fuertes y flexibles, semejantes a la hoja de murta, de largas y enjutas mejillas, copete poblado, colodrillo estrecho, frente ancha, ojos negros y vista aguda, nariz ancha y negras ventanas, boca rasgada, de pecho ancho, cerviz levantada en su nacimiento, cruz alta y larga, vacíos flexibles, vientre arqueado, nalgas redondas, cortas e iguales, de cola corta de mazo y de largas cerdas, muslos gruesos y redondos, canillas grandes, piernas delgadas, cuartillas cortas y gruesas, cascos negros y pelo suave. Además, ha de ser de cabeza erguida y de corazón vivo, que muestre alegría y brío al montarlo. (Descripción que se refiere en la pintura de un potro, obra anónima del siglo XVII).

El caballo de la frontera

En la época que se estableció la frontera cristiano-nazarí en el sur peninsular, existían dos tipos de caballo bien diferenciados:

a) *El caballo castellano*, que tras la batalla de las Navas de Tolosa desembarcó en tierras del Guadalquivir como verdadero caballo triunfador. Este, ante las exigencias del tipo de combate en este conflicto[3], fue quedando en desuso guerrero entre los combatientes castellanos que llegaron al sur peninsular, considerándose a partir del siglo XIV más como signo de ostentación que como montura guerrera.

b) *El caballo del Al Ándalus*, el heredado de los musulmanes, acostumbrado a combatir en torna et fuye especialmente por los jinetes bereberes, con prestaciones locomotoras diferentes (al castellano) al ser los del Al-Ándalus equinos ágiles, veloces y resistentes, que se amoldaban mejor a las cabalgadas y ataques por sorpresa que exigía la frontera para llevar a cabo las frecuentes incursiones. A este caballo en tiempos de frontera, unos y otros, lo llamaban el caballo morisco.

El caballo castellano en los reinos de Andalucía

Los *caballos castellanos* eran fuertes y poderosos, dotados de una cabeza de buen tamaño y cuello engrosado, así como de una masa corporal potente. A buen seguro que estos caballos gozaban de importantes alzadas (algunos superarían los 1,60 m), y estaban dotados de miembros recios, con cañas[4] anchas y amplios cascos acampanados. Su locomoción la realizarían con paso fácil y largo, trote cansino pero persistente y galope cadenciado. Eran caballos poderosos que iban montados «a la brida», cargaban sin dificultad con su jinete y el sobrepeso ocasionado por todos los útiles medievales de combate que se usaban en la batalla. Estos caballos pudieron ser los famosos caballos que se estuvieron criando hasta el siglo XVIII en las yeguadas leonesas de

---

3   El Reino Nazarí, tenía una extensión de unos 30.000 km^2 y, salvo algunas batallas convencionales, la guerra se hacía mediante incursiones enemigas: cabalgadas.

4   Metacarpo y/o metatarsos.

Valdeburón[5]. A pesar de ello, me imagino que ante la vitola triunfadora que le habían ofrecido en la batalla de las Navas de Tolosa, durante una primera época algunos de sus ejemplares pudieron ser utilizados como sementales para cubrir a bastantes de las yeguas existentes en tierras andaluzas.

Sin embargo, está establecido que la calidad de la locomoción[6] resulta la principal cualidad que debe reconocerse en el caballo y, como los mudéjares e incluso los nuevos pobladores no utilizaban (en sus monturas) mucho sobrepeso para desplazarse, especialmente por el modo singular de combate exigido en la frontera, salvo en las grandes batallas convencionales, se propiciaba una mayor movilidad que la de aquellos caballos. A buen seguro que ello obligaría (pronto) a los caballeros andaluces a cambiar de criterio, dando de lado al primitivo uso de aquellos grandes caballos castellanos, para preferir otras monturas más ágiles. Así pues, debido a la aptitud locomotora de sus ejemplares, en la Baja Andalucía, tanto los nobles como sus vasallos eligieron desde las primeras épocas al caballo del «país», pues estos resultaban los idóneos para cabalgar tanto en sus desplazamientos locales como para sus incursiones enemigas.

Como prueba de esta tendencia a sustituir la cabalgadura y el tipo de monta en los reinos de Andalucía, puede valernos la afirmación que describe Carmona Ruiz (2006) sobre que los caballeros cristianos que combatían en la frontera en el siglo XIV utilizaban una caballería más ligera, a la que montaban a *la jineta*, pues consideraban a los caballos castellanos poco útiles para aquellas empresas. Posiblemente, en un principio, estos caballos procedían del cruce del caballo castellano con los andaluces del territorio, o simplemente eran los caballos andaluces hallados en los territorios de conquista heredados del Al Ándalus. A estos caballos, los castellanos en Andalucía durante esta primera época los llamaron «caballos jinetes».

---

5   Allí estaban la Real Yeguada Leonesa, e incluso Felipe II utilizó yeguas de Valdeburón en la ampliación de las ya existentes Yeguada Real de Aranjuez.

6   Para una mejor comprensión «la belleza» de un ejemplar, una característica muy tenida en cuenta sobre el caballo en todos los tiempos y también en la actualidad, debe ser valorada en esta especie como una cualidad complementaria, pues su verdadera valía sólo puede ser observada desde la perspectiva de la calidad de su locomoción. Esta es un signo de distinción respecto a la evolución y pervivencia de la especie, claro que lo uno –belleza– lleva a lo otro –calidad de locomoción–, pues para que la locomoción de un caballo sea armónica y eficaz, lo primero que debe tener un équido es estar bien equilibrado, y esto está implícito en la propia belleza morfológica del ejemplar.

En este sentido, las Cortes de Alcalá de Henares de 1348 señalaban lo siguiente: «[…] otros y en la frontera del regno de Murcia porque todos andan a *la jineta*, que ninguno no pueda traer cauallo castellano y que teniendo los cauallos ginetes segunt son tenidos, non entre ellos en las huestes nin en las caualgadas a tierra de moros». Y esto ya no es una conjetura, sino una recomendación hecha tras su correspondiente discusión en las Cortes. Esta preocupación alcanzaba tanta importancia en la guerra de la frontera que Alfonso XI en 1344 ya había prohibido montar a la castellana («a la brida») a los caballeros del Obispado de Jaén. No obstante, este rey, posiblemente para no contrariar las consolidadas tradiciones y costumbres castellanas, advertía que solo podían montar a la brida aquellos que tuvieran como mínimo diez caballos (Rodríguez Molina 2002).

Con todo lo expuesto, se demuestra que la monta a la brida, para lo que estaban mejor dotados los caballos castellanos, se convirtió entre la nobleza castellana durante este tiempo de frontera, tan solo y ante todo en un signo de distinción y tradición, puesto que todos los súbditos del sur peninsular a partir de entonces estaban obligados, por mandato real, a la monta a la jineta sobre caballos ligeros. «El rey cathólico (Don Fernando) nunca se hayara en ninguna guerra que no anduviese sino a *la jineta* y así mismo en gran capitán Gonzalo Fernández con ella gano dos veces toda Ytalia; y así mesmo muchos señores y grandes de estos reinos nunca se hallaron en cosa de guerra sino a *la jineta*; y con ella les dio Dios muy grandes victorias y vencimientos de sus enemigos» (Chacón 1551).

El caballo morisco o caballo andaluz

El otro caballo, el caballo morisco o propiamente caballo andaluz, el caballo del Al Ándalus o mejor, aquellos criados y utilizados por los musulmanes en la Península, a la postre fueron los que se impusieron en la Baja Edad Media en el sur peninsular en tiempos de la frontera. Este era el caballo que se refleja en el manuscrito de Ibn Al-'Awwám[7], aquellos que se criaron y utilizaron

---

7   Aguilera Pleguezuelo (2006), refiere que de este manuscrito se conservan en España dos ejemplares, uno en la biblioteca de la Real Academia de la Historia y otro en la Biblioteca Nacional. Además, según él existen otros siete ejemplares repartidos por el mundo. En el mismo, Aguilera, traduce algunos capítulos (véase, págs. 81 a 93 de su obra), donde se escribe, entre otros, sobre las capas de los caballos; de la selección de sementales; acerca de las yeguas para la cría y de su cubrición. También se hacen consideraciones morfológicas orientadas a determinar la bondad de los ejemplares.

Figura 7. Caballo y jinete pertenecientes al Reino de Granada.

durante el tiempo que estuvieron los musulmanes en la Península, herederos de los hallados por Tarik y sus guerreros[8] en el valle del Guadalete y otras tierras de la Bética, que los invasores desde un primer momento adoptaron como suyos. Con ellos y con los hallados a su paso en los territorios conquistados a los visigodos, los musulmanes consiguieron conquistar la Península, llegando en poco tiempo desde el Guadalete a los Pirineos.

Es más, a partir de 1390 tras el tropiezo de Aljubarrota[9], las Cortes de Alcalá (celebradas en 1390) mandaron que todos los vasallos del rey desde Villa Real[10] al sur, montaran sobre caballos moriscos y *a la jineta*. Por lo que los caballeros de Andalucía, a partir de entonces, debían realizar la monta propia de los caballeros nazaríes, los cuales según Mata Carriazo «destacaban por su destreza en cabalgar y revolverse con lanza y adarga, mediante actos de gran desenvoltura y maravillosa velocidad; peleaban ordinariamente sin armas defensivas, siéndose necesario defender así mismo y ofender al enemigo por pura desenvoltura y destreza».

Y bien, los caballos *moriscos* o *andaluces*, a buen seguro, eran unos ejemplares[11] de menor alzada que los castellanos. Esta

---

8 Incluso los traídos del Norte de África.

9 Los portugueses llevaban tiempo comprando caballos en Niebla, e incluso se tienen noticias que a veces obtenían mediante contrabando caballos moriscos para ser utilizados como sementales. Así pues, llegado el momento de la batalla de Aljubarrota (1385), los portugueses contaban con una cabaña importante de este tipo de caballos ligeros, con los cuales se enfrentaron a los caballos castellanos. El resultado fue tan sorprendente que, a partir de entonces, los castellanos dejaron de confiar en el tipo de caballo que utilizaban para recomendar el uso de los caballos jinetes (moriscos).

10 Se refiere a Ciudad Real.

11 Para todo lo expuesto, debemos recordar la costumbre heredada de la monta para el combate del caballo macho (generalmente entero), pues un jinete que se precia, incluso hoy día, utiliza caballos enteros para su monta.

alzada en mi opinión estaría alrededor de los 1,50 m, pudiendo alguno de sus ejemplares llegar incluso a rebasar los 1,55 m. Serían caballos de cabeza y cuello de mediano tamaño; corporalmente proporcionados. Su masa corporal contaría con un tronco consistente y grupa algo inclinada pero muy musculada; sus miembros debían de estar bien configurados y los extremos de estos finos y limpios. En su locomoción, por las referencias históricas recibidas y el modo peculiar de combatir del musulmán mediante *torna et fuye* (atacar y correr), a buen seguro primaba en ellos la velocidad y la agilidad de movimientos. Por ello, debían tratarse de caballos buenos galopadores, y muy resistentes en el uso de los otros aires (paso y trote) su locomoción. Estos ejemplares, aunque no debemos fidelizarlos con el caballo árabe cuyas castas (las de Arabia)[12] en el curso del tiempo a pesar de menor incidencia a buen seguro dado su elitismo dejaron su impronta[13] genética en aquella masa caballar peninsular musulmana.

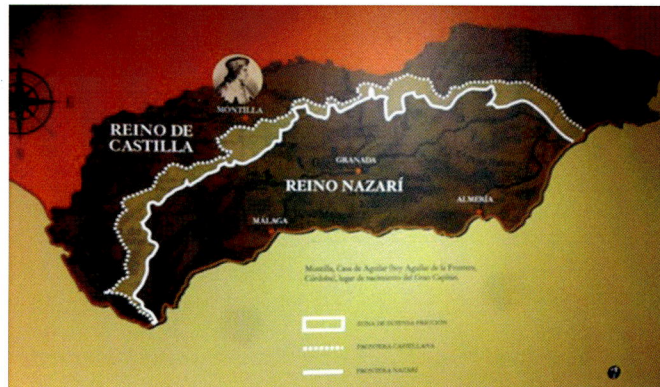

Figura 8. Mapa de la frontera cristiano-nazarí a finales del siglo XIV, donde se puede visualizar los grandes espacios fronterizos (deshabitados).

---

12 Debemos pensar en el caballo bereber.

13 En mi opinión, los obsequios llegados al Al-Ándalus desde otros países islámicos orientales, así como mediante posibles importaciones en tiempos del emirato y del califato (peninsular), debieron manejarse dentro de la cabaña caballar con bastante ascendencia genética, pues aunque la absorción de las yeguas y caballos peninsulares existentes obraran en consecuencia el ganadero musulmán en su visión zootécnica, a buen seguro intentaba aproximarse a aquel tipo de caballo, tan celebrado por los árabes y también por los musulmanes peninsulares. Para más abundancia, está documentado que el año 742 llegaron a la Península, Baly y sus diez mil combatientes sirios, que vendrían acompañados de un buen número de caballos. La alegría en los movimientos del caballo morisco (o andaluz), son una prueba de esa pincelada árabe, cualidad que con seguridad mantuvieron como buena los ganaderos andaluces posteriores.

Y bien, es conocida que la monta característica usada por los pueblos del islam era la monta *a la jineta*. Esta se caracterizaba por el uso de los estribos cortos, que obligan al jinete a doblar ligeramente las piernas y acondicionar las rodillas junto a una liviana montura (o sillas de montar). De este modo se posibilita dominar el caballo mediante la presión de las rodillas sobre el tronco del equino. Al conducir el animal con las piernas, el jinete se puede permitir llevar las riendas muy sueltas, facilitando al caballo actuar con mayor libertad de movimientos en aras de lograr su máxima velocidad y facilidad en el galope.

En este tipo de monta, además, se utiliza un modelo de silla ligera con arzones bajos (silla casi plana) que posibilita al guerrero el giro de su cuerpo sobre la montura, permitiendo al jinete durante la cabalgada una gran movilidad, así como otras acciones como la de disparar el arco, lanzar jabalinas cortas (azagayas) o incidir con la espada en todas direcciones. Además, para lograr esta libertad de movimientos, tanto del caballo como al jinete, las riendas están montadas mediante una cabezada que contiene un bocado ligero. Éste (el bocado) opera un escaso sometimiento al équido, lo que le facilita la extensión del cuello y mayor libertad en los movimientos del animal.

La mayor aproximación al tipo de caballo que pretendemos describir queda en la escena del sur peninsular, a mediados del siglo XIII, representado por el «caballo bereber». La trascendencia del caballo bereber en el Al Ándalus está suficientemente constatada. Las tribus bereberes que conformaban los pueblos almorávides y los almohades en sus sucesivas invasiones (siglos XII y XIII) a la Península, trajeron desde el Magreb miles de caballos. Por tanto, su presencia en la Península de la época era abundante.

Así pues, el «caballo morisco» de la frontera contaba con una población numérica importante, como corresponde a estar ubicado en una de las regiones ambientales mejor dotadas para la cría equina: sus ejemplares, caballos y yeguas, vivían en un clima benigno, bajo el sol luminoso de Andalucía, bebían en aguas del Guadalete o del Guadalquivir, alimentados con pastos y granos abundantes y siempre con la extensión de la dehesa para galopar. En este hábitat, sin duda, siempre se criaron y aún se crían numerosos y buenos caballos.

Figura 9. Imagen que corresponde con el extremo Sur del techo de las fuentes del Salón de Reyes de la Alhambra. Escena de pintura sobre piel perteneciente a caballero árabe cazando un jabalí.

Para más abundancia, en los reinos de Andalucía la caballería para la guerra se constituía mediante «una caballería popular», es decir, cada combatiente, cada vecino, aportaba su propio caballo. Un motivo más para que abundara entre esta caballería el caballo de la tierra.

Las cabalgadas, una actividad singular de la frontera

Para realizar una cabalgada era necesario y esencial el uso de un buen caballo, pues lo que más se valoraba en la puesta en marcha de alguna de estas correrías era la calidad locomotora de las monturas, de modo que sus caballos les permitiera salir con bien de las mismas. Es decir, para intervenir con éxito en una empresa de este tipo se necesitaba poseer caballos ágiles, veloces y resistentes. Yo diría que, para formar parte de una expedición y realizar incursiones o cabalgadas sobre terreno enemigo, hacía falta: unos avezados jinetes que contaran con buenos caballos para su ejecución. En estos casos, a ellos –jinetes y caballos– les iba la vida en el envite y para salir con bien de aquel peligro provocado, tanto en la puesta en escena como en la posterior huida veloz, dependían del galope y resistencia de sus cabalgaduras.

Un caballero árabe, que se defiende con una adarga, traspasa con su lanza a un jinete cristiano (detalle del Salón de Reyes de la Alhambra de Granada).

Figura 10. Imagen presente en el salón de Reyes de la Alhambra de Granada.

Las incursiones o galopadas se realizaban por ambas partes: musulmanes y cristianos. Se corrían los campos enemigos para saquear bienes y coger cautivos. Es decir, se desarrollaban con frecuencia incursiones en campo enemigo con intenciones recaudatorias de enseres y personas. Estas cabalgadas como ha sido apuntado se realizaban tanto por cristianos que partían desde el lado castellano que hacían sus penetraciones en el reino de Granada, como por acciones musulmanas procedentes de terreno nazarí que cruzaban la frontera e irrumpían en las tierras de castellanos.

Así pues, bajo la falsa justificación de debilitar al enemigo, las cabalgadas generalmente tenían como principal objetivo la apropiación de bienes del otro lado de la frontera. Los intrusos buscaban en sus campañas obtener riquezas, honores y/o méritos. Normalmente estas galopadas estaban capitaneadas por gente arribistas que organizaban la expedición con unas intenciones determinadas. Aunque también se producían incursiones provocadas por hidalgos o caballeros de cuantía de los concejos fronterizos que buscaban el enriquecimiento mediante bienes ajenos sustraídos: ganados y otros enseres de valor. A veces, el objetivo principal no era apoderarse del ganado u otras riquezas materiales del vecino, sino apresar cautivos para luego que aquellos fueran empleados en labores agrícolas a bajo coste, pues como cautivos solo se les proporcionaban la manutención.

No obstante, en la mayoría de los casos las incursiones de gente a caballo tenían como principal pretensión causar daño al enemigo, realizando para ello en su camino la tala de árboles, el incendio de cosechas, u ocasionando muertes, robos y saqueos de todo lo que hallaban a su paso. En esta «guerra vergonzante» como la refiere Carrizo de una forma muy contundente, «eran frecuentes las algaradas y cabalgadas, los robos y cautiverios, la muerte del hombre, los incendios de cosechas y las mil y una tropelías cometidas por los almogávares, de uno y otro lado, personas que habían hecho de la violencia su forma de vida» (Carrizo 1971).

Las galopadas, según el objetivo y las posibilidades de los organizadores estaban compuestas por grupos entre cinco y cincuenta jinetes. Es más, en algunos casos –de gente notoria– se podían alcanzar cifras en la expedición que superaban el ciento de guerreros a caballo.

Los grupos pequeños de una galopada solían estar conformados por almogávares o jinetes de los concejos locales próximos a la frontera, estos no se adentraban mucho en terreno enemigo y su botín solía ser limitado. Sin embargo, las expediciones mayores, casi siempre capitaneadas por caballeros o nobles que habitaban en los castillos fronterizos, tenían unos objetivos más ambiciosos, pues al margen de obtener cautivos, también se perseguían animales y otro material de valor. Además, en estos casos el organizador buscaba, una vez consumada la cabalgada, notoriedad y el reconocimiento por su atrevimiento y fechoría por parte de otros caballeros de la frontera, casi siempre nobles cercanos al rey o del propio monarca.

Figura 11. Plano del Reino de Granada y territorios cristianos colindantes donde se detallan las fechas en que fueron tomadas por los cristianos las ciudades que se indican.

Ante estas continuas contingencias, cada reino de Andalucía había organizado su propio cinturón defensivo, configurado éste a base de fuertes o torres vigías que controlaban caminos, pasos fronterizos, cauces de ríos y otros parajes.

Así, en el Reino de Sevilla, este cinturón defensivo estaba estructurado por los castillos o torres de Torre Estrella, Gogonza, Tempul, Matrera, Las Aguzaderas, Conte, Moluera, Cañete la Real o Teba.

En el Reino de Córdoba, se encargaban de constituir esta primera línea defensiva Rute, Benamejí, Carcabuey, Priego o El Castellar.

Mientras que en el Reino de Jaén hacían esta función defensiva el castillo de Locubín, Alcalá la Real, Albanchez, Solera, Tíscar o Castril.

Los pasos naturales y lugares más sensibles de la frontera contaban con una vigilancia específica constituida por patrullas de guerreros armados a caballo.

La defensa de las posibles intrusiones musulmanas en los reinos cristianos, en principio, estuvieron a cargo de los caballeros de la orden de Calatrava o de Santiago. Sin embargo, pronto surgieron otras instituciones específicas para aquellas defensas, constituyéndose con estos objetivos las «hermandades»: Hermandad de Jaén, Cazorla, Murcia y otras. Dada la aparente eficacia de estas hermandades defensivas se conformaron entre ellas, la «Hermandad general de Andalucía».

Por parte musulmana, también se organizaron patrullas vigías que eran asistidas desde las Coras –de Takurunna, Elvira y Bayyana– en el reino granadino.

Normalmente las cabalgadas castellanas originarias del Reino de Sevilla incidían sobre la Serranía de Ronda, el valle del Guadalhorce o la Axarquía malagueña. Las penetraciones del Reino de Córdoba tenían como principal objetivo la Vega de Granada. Mientras que desde el Reino de Jaén se cabalgaba preferentemente hacia la Hoya de Baza, el Cenete o la Vega de Guadix.

Por parte musulmana, las partidas que tenían su origen en Ronda y las procedentes de Marbella u otras zonas próximas, atacaban a los campos y poblaciones del valle del Guadalete (Arcos, Jerez y otras), y también lo hacían sobre la campiña sevillana (Écija, Utrera, El Cornil). Las originarias de Loja y las Garbias granadinas podían llegar hasta Baena, Martos, Alcaudete o Jaén. Y las de Vélez Blanco, Vélez Rubio e incluso las originarias de Almería, incidían principalmente sobre Lorca.

Para hacer más expresivas estas partidas, cabe traer aquí el conocido romance sobre el moro Ben Zulema que sale de Granada para hacer asalto entre Osuna y Estepa, y en el mismo se canta:

Derribado ha los molinos
y los molineros lleva,
y del ganado vacuno
hecho había gran presa
y de mancebos del campo
lleva las trillas llenas:
por hacer enojo a Narváez
pasaba por Antequera,
los gritos de los cristianos
hacían temblar la tierra.

A pesar de los sistemas defensivos previamente dispuestos, durante los dos siglos y medio que existió la frontera cristiano-nazarí, se produjeron innumerables cabalgadas, de muchas de las cuales quedó constancia escrita. Estos hechos fueron relatados en *Las crónicas de Alfonso XI, Las crónicas de Juan II, Hechos del condestable Miguel Lucas de Iranzo, Hechos del Marqués de Cádiz*, en anales de concejos locales y otros textos de la época.

Los componentes de la caballería popular como parte del ejército de guerra

La guerra en la frontera se hacía principalmente montando sobre cabalgadura propia. Todos los que contaban con caballo propio constituían la caballería de la frontera, un contingente importante de jinetes armados dispuestos para la guerra. En este ejército participaban los siguientes componentes: *los caballeros de gracia* (nobles, vasallos y de órdenes militares), *los caballeros hidalgos* de las ciudades, así como los *caballeros de cuantía.*

Los principales jinetes protagonistas de las batallas y/o escaramuzas eran los *caballeros de gracia*, gente de calidad que además de poseer caballos y armas, acostumbraban a montar habitualmente a caballo. Este grupo social lo conformaban los nobles, sus vasallos, así como los miembros de las órdenes militares (Calatrava, Santiago y Alcántara). Los caballeros de gracia eran además los *adalides en la batalla.*

Junto a este grupo de caballistas selectos (caballeros de gracia), existían otros caballeros que también contaban con caballo y armamento propio, los *caballeros hidalgos*. Estos se habían instalado en las ciudades en la época del repoblamiento castellano. Sobre los mismos, González Jiménez (1985) refiere que en el poblamiento de las ciudades de la frontera (siglo XIII), se implantaron un número importante de estos *caballeros ciudadanos*, la mayoría de ellos procedentes de territorios septentrionales de Castilla.

En cada ciudad o villa el número de estos caballeros ciudadanos dependían en gran medida de la proximidad o alejamiento que tenía el término municipal de la frontera, pues los repartimientos se ofrecían con mayor abundancia en los territorios amenazados por incursiones enemigas. De este modo, entre los repobladores en Jerez se cuantificaban hasta 212 los caballeros hidalgos, es decir –según González– el 11% los nuevos pobladores de la ciudad. En Vejer, se incorporaron 27 caballeros, lo que suponía en aquella ciudad fronteriza el 18% de los repobladores. Mientras que en otras ciudades algo más alejadas de la frontera, el número de caballeros ciudadanos era bastante menor (15 caballeros en Carmona). La mayoría de estos caballeros hidalgos aparecen reflejados en los repartimientos de cada concejo consignándose además el terreno adjudicado en el municipio.

Los caballeros ciudadanos tenían otros privilegios y oportunidades, como la de participar en el gobierno local[14] como jurados o representantes de collaciones, formando parte del conjunto de

---

14 El consejo de Sevilla, de los 24 oficiales –los veinticuatro– que gestionaban con el alcalde y el alguacil, los asuntos concejiles pertenecían al grupo de los caballeros ciudadanos.

«omes bonos»[15] de las ciudades. Con el tiempo, los hidalgos llegados en las repoblaciones de la localidad terminaron por conformar buena parte de la nobleza ciudadana del lugar.

Para afrontar con garantías los combates de la guerra a lo largo de la frontera, era esencial contar con un importante dispositivo militar compuesto de abundantes caballeros. Ello obligó a los pobladores con posibles de los concejos fronterizos, es decir, las personas con fortuna (económica) desahogada, a dotarse también de caballo y armamento, constituyéndose estos como «caballeros de premia o cuantía». De este modo fue como aparecieron en los municipios, especialmente en los cercanos a la frontera, un nuevo grupo social: los *caballeros de cuantía*.

Figura 12. Escena de la batalla entre sarracenos y cristianos representada en un tapiz del Alcázar de Sevilla, encargado por María de Austria ubicado en la sala de los tapices.

---

15 Por lo general se aplicó esta calificación a personas que formaron parte de los órganos encargadas de los asuntos públicos, o ligados al desempeño de cargos municipales.

A los *caballeros de cuantía*[16] se les obligaba a mantener caballo y armas, gozaban de un estatus claramente diferenciado respecto al pueblo llano, llegando a veces a equipararse con las capas bajas del estamento nobiliario. Además, muchos cargos públicos, especialmente en ciudades, villas y aldeas, estaban reservados a los componentes de este grupo social.

Pues bien, el conjunto de caballeros hidalgos y caballeros de cuantía constituían la *caballería popular* de la frontera. En cualquier caso, a pesar de que los caballeros de cuantía tenían importantes exenciones fiscales de diversos impuestos, la demanda por parte de los posibles candidatos para ser caballeros de cuantía resultaba escasa. En gran parte debido a los elevados costes que este debía soportar por el mantenimiento de la cabalgadura y del equipo de guerra, y sobre todo por las escasas rentabilidades de las supuestas y aleatorias prerrogativas.

Los alardes y otras actividades ecuestres como preparación de caballos y jinetes

A partir del siglo XIV se produjo una importante disminución de los caballeros municipales, debido en gran medida a la actitud generalizada de apatía de los cuantiosos al considerar estos que «la tenencia de caballo no es mérito compensable, sino obligación imponible», pues para ellos resultaba más una carga que un privilegio. Ello hizo necesario controlar a estos caballeros de posibles, así como comprobar que se encontraban en condiciones para llegado el momento participar en campaña.

La necesidad de inspeccionar el estado de las armas y sus cabalgaduras hizo que se creara la obligación, para detectar su estado de preparación, de reunir a la caballería popular al menos dos veces al año –marzo y septiembre–.

A estas convocatorias y reuniones locales se les denominaron alardes. Los alardes eran representaciones colectivas de espectáculos, entre ingenuos y maliciosos, que trataban de fingir actividades bélicas y sobre todo exhibir los caballos y los equipos militares. Tanto los caballos como su armamento debían estar en consonancia con la posición (económica) social de cada cuantía. Todo ello dio lugar a que a este grupo social también se les conociera como *caballeros de alarde.*

---

16 En Castilla, desde la época de Alfonso XI, la posesión de un determinado nivel de rentas obligaba al mantenimiento de caballo y armas.

Para el alarde, el jurado del concejo se encargaba de elaborar el padrón del grupo de caballeros de la ciudad que estaban obligados a intervenir en la correspondiente representación[17], es decir, la nómina ordenadamente anotados del conjunto de hidalgos ciudadanos y caballeros de cuantía locales. A estos se les pasaba lista en los correspondientes alardes para comprobar su presencia[18] y, según los organizadores, también para tenerlos en cuenta ante posibles gratificaciones, así como la adjudicación de cargos concejiles. Lo que importaba del alarde, era conocer, llegado el caso, el número de caballeros y caballos que podían ser movilizados.

Para despertar el ánimo de las gentes a ingresar en este tipo de caballería y mantener en forma a caballeros y caballos, en muchas ciudades, en fechas destacadas, se organizaban fiestas. En las mismas se programaban ejercicios ecuestres diversos, tales como torneos (por ejemplo, los juegos de cañas), justas, carreras, y ejercicios de guerra.

Estos torneos eran combates simulados en el que se ejercitaba la destreza y fuerza del caballero. Algunos de estos torneos se diferenciaban muy poco de un combate verdadero, tal como ocurría en la escaramuza y en la celada, que consistían en caracolear y escaramuzar a la usanza morisca.

Tales combates se libraban especialmente en la mañana de San Juan o el día de Santiago. Es curioso como las fiestas de San Juan, también eran celebradas por los musulmanes. Al menos así ha quedado inmortalizado en el siguiente romance:

> *Las mañanas de Sant Juan*
> *gran fiesta hazen los moros*
> *rebolviendo sus caballos,*
> *ricos pendones de ellos,*
> *ricas marlotas vestidas,*
> *el tiempo que alboreava*
> *por la Vega de Granada,*
> *y jugando de las lanzas:*
> *broslados por sus amadas;*
> *texidos de oro y grana.*

---

17 La ciudad de Écija contaba habitualmente con un destacamento de caballería cuantiosa no inferior a 150 jinetes.

18 En caso de ausencia en el correspondiente alarde, el caballero que no compareciese se le imponía una multa de 600 maravedíes y la pérdida de caballo y armas propias.

Los *juegos de cañas* era el torneo o juego ecuestre más practicado en Andalucía. En ellos los caballeros lanzaban desde sus caballos al galope, jabalinas de cañas sobre sus adversarios quienes se protegían enarbolando sus escudos: «mientras se defienden con la mano izquierda con un escudo de cuero y pican a los caballos con las espuelas corriendo de un lado a otro arrojan con la mano derecha una lanza de caña a los adversarios». Era un juego peligroso donde menudeaban las caídas de caballos y caballeros. Este ejercicio de adiestramiento era habitual en ciudades como Jaén, Morón, Jerez (en este caso celebradas en la plaza del Arenal) y Alcalá la Real. En la Almería nazarí, hasta 1489, existía una Plaza de Juegos de Cañas (hoy Plaza de la Constitución).

En fin, siempre ha sido considerado la afición en Jerez a la celebración de los juegos de cañas en la Plaza del Arenal. Nos puede orientar en su conocimiento sobre esta afición de Jerez a las cañas el relato de las cañas celebradas en esta ciudad (Jerez de la Frontera) en 1476 con motivo de la honra tributada por el rey Fernando a los embajadores del rey de Nápoles, así como sobre la celebración de estos festejos:

> *En aquellos días habían ido a Jerez embajadores del rey don Fernando de Nápoles a participar a los reyes, entre otras cosas, del matrimonio de aquél con su prima Juana, hermana del rey de Castilla. Uno de los festejos, con que se dispuso honrarlos fue un juego de cañas entre cuadrillas de escogidos caballeros jerezanos, exactos observadores de las condiciones de este ejercicio en que, después de acometerse y arrojarse mutuamente largas cañas que rebotan en las adargas, los justadores dan vuelta corriendo al palenque y van a reunirse con su respectiva cuadrilla. Está prohibido toda contienda, aunque entre ellos existan rencores o salgan heridos del combate, y ni se considera más enemigo a los caballeros de una cuadrilla cuando arroja la caña traidoramente contra los contrarios no protegidos por las adargas, ni por esto se tacha a los justadores. (Rodríguez Molina 2007).*

Para participar en estos juegos había que pertenecer a algunas de las banderías locales: los Dávila o los Villavicencio, o bien posteriormente a otro tercer grupo como eran los Vargas. Los juegos de cañas, como las corridas de toros, se celebraban con la luz del día, pues llegando el anochecer terminaba la contienda.

Otro juego habitual en las fiestas de las ciudades fronterizas era el juego de la sortija. Este se solía realizar de noche en una calle intensamente iluminada. En el curso de tres asaltos a galope, el caballero vencedor debía ensartar su lanza en el círculo, de este modo se llevaba la sortija. También era costumbre que los perdedores rompieran sus lanzas contra los muros del lugar.

Sin embargo, para la gente de calidad (nobles, sus vasallos y los caballeros de ordenes militares), el mejor ejercicio de adiestramiento para la guerra era sin duda *la caza*. La montería del oso, del jabalí o del ciervo, como también la caza menor, con azor o con perros, constituían un excelente entrenamiento para la lucha y proporcionaban una preparación muy apropiada para ese quehacer de los caballeros. En el *Libro de la Montería* de Alfonso XI se refieren numerosas campañas de caza del rey acompañadas de sus nobles y caballeros.

Otros juegos en la que solían participar la gente de calidad eran las celebraciones de *lances de moros y cristianos*. Para ello, se hacían dos bandos numerosos, unos vestidos de musulmanes y otros de cristianos, escenificándose una batalla entre ellos. Esta costumbre a partir del siglo XV empezó a imponerse en el levante español como celebración festiva-religiosa (fiesta de moros y cristianos).

Y bien, ¿cuál es el propósito de todo lo expuesto?, sencillamente ofrecer una idea de lo que sucedía en la frontera cristiano-nazarí. Se trata de un análisis de las costumbres y situaciones vividas durante dos siglos y medio de conflicto entre las sociedades del reino castellano y del sultanato nazarí. Con estos mimbres, día a día, durante los casi dos siglos y medio que duró la frontera cristiano-nazarí, y fundamentado en los caballos existentes (caballos moriscos) y en las exigencias impuestas por las condiciones de aquella guerra, en Andalucía se fue fraguando un caballo hermoso, armónico y equilibrado; de piel fina y sedosa («son preciosos por su piel[19]»); noble y de alegre mirada («alegres en su mirada»); de movimientos vivos, paso compuesto y reacción rápida (locomotora) («caballo que en treinta pasos | corre, galopa y se para, | y con un sutil cabello | se puede tener a raya[20]»); resultando un caballo ágil (dotado de una agilidad que se prefiere a la del ciervo[21]), bizarro y valiente («… un gran caballo negro, | de muchas manchas manchado, | las orejas trae hendidas | y el medio hocico cortado, | porque con sus anchos dientes | a morder viene avesado[22]»).

---

19 Tal como describe el clérigo Jerónimo al caballo cordobés de finales del siglo XV, citado por Ruiz Gálvez (2018).

20 Del romance del Pulgar «Santa Fe que bien pareces».

21 Según Jerónimo (véase 17).

22 En el romancero de la frontera es famoso aquel que se refiere al caballo que, durante el sitio de Santa Fe, se enfrenta a los caballos cristianos, reflejando la valentía de estos caballos.

Figura 13. Caballo y soldado nazarí realizado por Felipe Vigarny (siglo XVI), presentes en el bajorrelieve del Retablo Mayor de la Capilla Real de Granada.

Jerez, en la frontera cristiano-nazarí

Jerez de la Frontera, por su situación y por las actividades desplegadas por sus habitantes, como ya se ha señalado, fue un referente de la frontera cristiano-nazarí. En ella, Jerez de la Frontera, se erigió en un centro logístico suministrador de personas, enseres y alimentos de la zona: el Valle del Guadalete y tierras de la baja Andalucía cercanas a Tarifa[23].

Los caballeros de esta ciudad (de Jerez) junto a los del término de Arcos, se encargaban de vigilar y cubrir los caminos que se abrían en el curso del Guadalete y por tanto su vigilancia

---

23 Según el *Libro de la Monterías de Alfonso XI*, la frontera geográfica (de esta parte que tratamos) arrancaba en las proximidades del estrecho de Gibraltar entorno a la desembocadura del río Palomares y del río Guadarranque; a través del cauce de ambos ríos ascendía hacia el norte por la Sierra de Montecoche y por los puertos de Yegua y puerto Gáliz, hasta las estribaciones del-ríoGuadalete en la cercanía de sierra Margarita. Entonces la frontera tomaba una dirección este, paralela a las estribaciones de Sierra de Ronda: Zahara, Setenil y Ardales que se situaban en la órbita nazarí y Olvera, Pruna, Torre Alháquine, Otegicar, las Cuevas y Teba en la esfera cristiana.

era considerada como una fortaleza[24], pues defendían las posibles llegadas de incursiones o intromisiones musulmanas. Además, Jerez, por su proximidad y conexión con Ronda, durante mucho tiempo, también fueron considerados como un «corredor comercial morisco».

Otro hecho por lo que destacaban los territorios de Jerez y Arcos en la baja Edad Media, era como productores ganaderos, al menos así los enfatiza Carmona Ruiz (2009) al señalar que junto a Utrera, Lebrija, Écija y Carmona eran los municipios más ganaderos del Reino de Sevilla y por tanto los responsables de proporcionar no solo el ganado vital, sino también ganados de labor y comercial al resto de los municipios de la baja Andalucía.

Según dicho autor Carmona Ruiz (2009), la ganadería del Reino de Sevilla (a la que pertenecía Jerez) en la época, estaba conformada por un 30% de ganado ovino; 17% de caprino; 15% de porcino; 15% de ganado boyal; 14% de vacuno; 2% de caballar; 1% de mular y 6% de ganado asnal. Datos más precisos se infieren de lo aportado por los concejos de algunas las ciudades implicadas. Así el de Jerez de la Frontera en el año 1491 cuantifica 17.840 (el 31,40%) las cabezas de ganado vacuno existentes en su término; 1.602 (el 2,81%) las cabezas caballares; 25.592 (es decir el 50,32%) el ganado lanar; 4.930 (el 8,76%) el ganado porcino, y 3.850 (el 6,77%) las cabezas de cabrío.

Carmona Ruiz, destaca que el municipio de Jerez sobresalía por su producción caballar, siendo, entre los estudiados por él (las del reino de Sevilla) la de mayor presencia equina. Asimismo, sobre Jerez destaca la gran producción de ganado vacuno –vacuno cerril– existente a finales del siglo XV.

Abundando sobre la vocación jerezana de la cría caballar, cabe destacar que entre las medidas adoptadas por el Concejo de Jerez de la Frontera en 1455 estaba la prohibición de la venta de caballos a forasteros, so pena de 2.000 maravedíes de multa. Esta medida fue modificada en 1480, para establecer que se permitiera vender caballos a «los vecinos de las comarcas e otras partes de estos reinos e señoríos de sus alteças». Mas tarde, en 1483, se suavizó definitivamente esta norma, de modo que los vecinos de Jerez podían vender los potros y caballos[25] a quien quisieran, siempre que ellos mantuvieran al menos un caballo.

---

24 Para esta defensa existían una serie de castillos estratégicamente diseminados por el término. Así, estos se configuraban en la sierra en *Tempul;* en el Guadalete en dirección al Puerto de Santa María, el de *Sidueña;* hacia Medina, el de *Estella;* la torre de *Melgarejo,* que cubría los llanos de Caulina y la entrada de la Sierra; el de *Gebelvir,* en esta Sierra, y el de *Gigonza.* Además de otras seis torres dispuestas del modo ms conveniente para que surtiera dicho efecto.

25 Con las yeguas no existía costumbre de su venta.

Los municipios de Jerez y Arcos, además de su propia vocación ganadera, contaban por la proximidad a la «Banda Morisca» de Ronda, donde existían terrenos fértiles productores de abundantes pastizales. Estos terrenos, ante el constante peligro de conflicto no habían sido cultivados, aprovechándose por ello para su explotación ganadera (preferentemente de ganado mayor).

Luego durante el reinado de Isabel y Fernando, especialmente una vez tomada Granada, las ganaderías locales de Andalucía se vieron perjudicadas por la incesante presión de la «mesta». Este extenso aprovechamiento ganadero ocasionaba importantes daños en los incipientes cultivos de las dehesas de la época. A ello debemos adicionar la propia competencia de los rebaños ganaderos locales.

Para hacernos una idea de la competencia y destrozos que producía el ganado trashumante, nada mejor que transcribir lo expuesto en 1540 por el Concejo de Jerez, que dice lo siguiente:

> E agora e de cierto tiempo a esta parte, ha subçedido que por la fertilidad de la tierra han venido e vienen a pastar en el término della ganados merinos, que vistos por sus dueños el acreçentamiento por la fertilidad e abundancia reciben en ellos creçen los precios en las dehesas, e debaxo este crecimiento engendran grandes daños e peligros en prejuicio de lo bien vniuersal, commo que se disminuyen las laures, que es gran thesoro e vniuersal prouecho de los vecinos e de comarcanos, que redunda en gran seruiçio de su magestad, que de la abundancia del pan esta çibdad prouee e manda proueer sus armadas y pone abundançia en las fronteras destos reynos [...]. Dismunúyase las crías de los naturales ganados vacunos, de yeguas e cauualos, de que siempre obo tan gran abundancia, que los lugares e rynos comarcanos se prueen de carnes e cueros, y este reyno se sustenta de cauallos estrenados en bondad e gentileza, que todos los que crían e nasçen en otras partes de otros reynos. E todos estos bienes çesan por el acreçentamiento que hazen los pastores de los ganados merino en el dinero que es vn engañoso tesoro. Que faltando los frutos naturales ligeramente se consumen y el que estua proueydo con su labrança e criança vine en neçesidad de buscar lo que tenían para que dificultosamente bastan los dineros que acreçentó.

Tras esta proclama, el Concejo de Jerez elaboró una ordenanza que prohibía entrar ganados merinos foráneos en sus términos, así como el arrendamiento de sus dehesas a ganados forasteros.

Capítulo 3

Los almohades y sus caballos bereberes Jerez en la época de los Reyes Católicos, Carlos V y Felipe II

A finales del siglo XV los reyes católicos lograron imponer en sus reinos su autoridad sobre los nobles. En esta época en el sur peninsular ejercían preferentemente dos banderías nobiliarias: una la de los Guzmanes (originarios de la casa ducal de Medina Sidonia), y la otra los Ponce de León (marqués de Cádiz), esto afectaba a casi todo el bajo Guadalquivir. Para corroborar este hecho baste recordar como en 1471 Rodrigo Ponce de León llegó a imponerse por la fuerza en la ciudad de Jerez alcanzando incluso a ser corregidor de dicha ciudad.

Estas banderías por extensión también existían en el propio Jerez, donde su aristocracia local estaba igualmente dividida y radicalizada entre sí. Así, de una parte, estaban los nobles que se agrupaban entorno a los *Villavicencio* los Zuritas y los –Villacreces–, y por otra los *Dávila* –que contaban con los López, los Vera y los Riquel–. Ellos, junto a Iñigo López de Carrizosa y luego Pedro Camacho Villavicencio Spínola, Diego Fernández Zurita y otros, fueron los que ejercieron el poder de Jerez y sus tierras, y conformaron a partir de finales del siglo XV y principios del XVI la propia aristocracia jerezana.

Estos, los poderosos, los más ricos e influyentes de Jerez en época moderna, eran a su vez quienes criaban los mejores y el número más abundantes de caballos de aquellas tierras. Otro tanto podemos insinuar sobre Rodrigo Ponce de León, el Marqués de Cádiz, uno de los principales artífices del desarrollo de la guerra de Granada y por tanto de la toma de esta última ciudad peninsular musulmana por parte cristiana.

Una prueba evidente de la bonanza de las caballerías jerezanas de aquella época, se evidencia tras observar la carta (que se adjunta a continuación), donde el príncipe Juan, hijo de los Reyes Católicos, se dirige con gran vehemencia a un ganadero jerezano para que le haga llegar un potro hijo de *Stropo* (un caballo hovero pardo), o bien de *Camacho* (un caballo bayo), ambos existentes en aquellas tierras, pues pretendía adquirir entre ellos el que mejor le pareciese para su servicio.

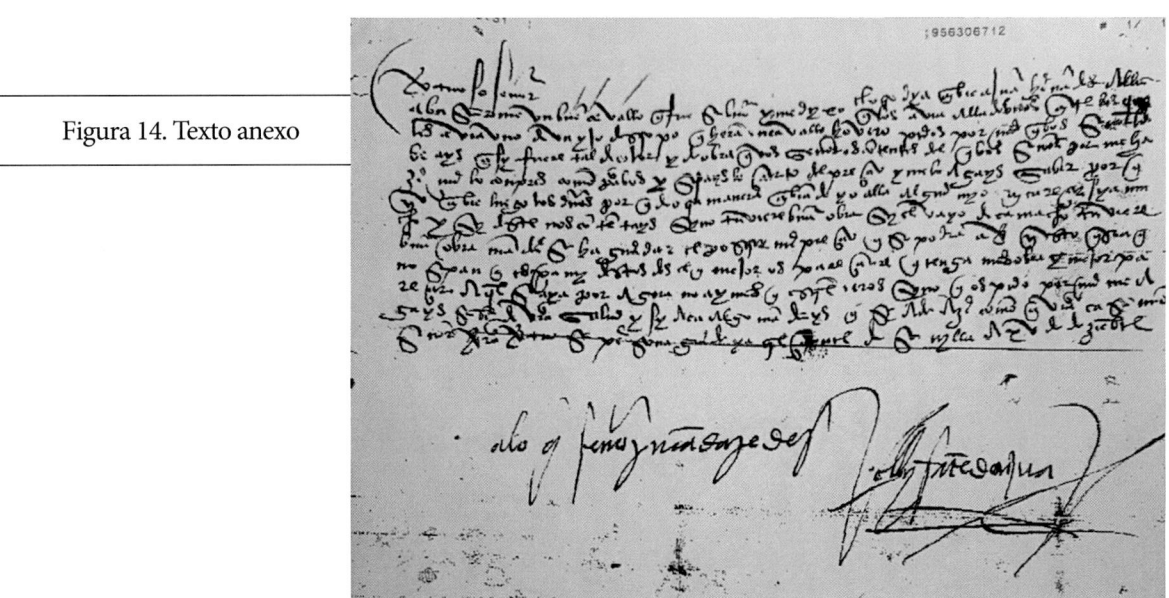

Figura 14. Texto anexo

Carta del Infante don Juan solicitando (en el siglo XV) un caballo jerezano para su adquisición:

Y dice, virtuoso Señor

El otro dya enbié a Juan Bernaldes allá/ a buscarme vn buen cavallo que fuese bueno y me dixo que los avía allá de buenos entre los qua/les avía vno de vn yjo de Stropo que hera vn cavallo hovero pardo. Por merçed que bos seas/el que lo beys que sy fuere tal de estar y de obra que vos señor seas contentos, de que bos señor por mí hazer merçed lo compres como para bos y sepáys lo çierto de preçio y me lo agays saber porque/yo enbíe luego los dineros que dio. De manera enbiando yo allá algund mío encaresçiera mucho, y sy de éste no os contentáys sy no tuviera buena obra, sy el vayo de Camacho tuviere buena obra mándese ha guardar él, pero syn más preçio y se podrá aver en esto que sea que/ no sepan que es para mí, destos dos el que mejor os paresçiese que tenga más obra y mejor pareçiera, aquel se aya por agora mayor merçed que este vuestro vesyno. Que os pido por merçed me agays saber de vuestra salud y sy acá algo mandáys que se ará azer como en vuestra casa. Nuestro Señor vuestra virtuosa persona guarde. En el alcaçar de Sevilla a XV de Diziembre.

El infante Don Juan (Firmado)

La política de Isabel y Fernando sobre la cría caballar

Ahora bien, aunque en los reinos de España, tras la toma de Granada, continuó siendo una exigencia obtener muchos y buenos caballos, la sociedad castellana después de esta guerra modificó el sentido de sus prioridades, de ahí que la mayoría de los súbditos se desprendieran de sus caballos, interesándose a partir de entonces por fomentar la cría muletera, pues según ellos para los tiempos que venían la mula (o el mulo) les resultaba más provechoso, es decir, más útil y rentable[26] (Agüera 2020).

Isabel y Fernando ante el temor que aquello provocara una notable reducción de la cabaña caballar, aprobaron el 20 de julio de 1492 en Valladolid, una pragmática dirigida a todos sus súbditos y naturales de las ciudades, villas y lugares de Murcia (Obispado de Cartagena) y Andalucía (Arzobispado de Sevilla y Obispados de Córdoba, Jaén y Cádiz), a los que también incluyeron las anteriores coras del reino de Granada. En la misma (pragmática) se recordaba que no debían echar asnos garañones a las yeguas para criar mulas. Cualquiera que hiciese esto perdería el asno y pagaría una fuerte multa.

Luego, en Barcelona el 2 de mayo de 1493 los Reyes ampliaron el contenido de aquella pragmática de Valladolid, detallando el uso de las mulas (y mulos) en sus reinos:

> Los Reyes prohibían a sus caballeros montar en mula, ordenando que ninguno por muy señor que fuese si no era presbítero u hombre de la Iglesia cabalgasen en mulos, sino que lo hiciesen en caballos. Además, en la pragmática, se decía «por cumplir el servicio procomún de nuestros reinos, los súbditos tengan y cabalguen en buenos caballos, que en las diócesis de Sevilla, Granada, Jaén y Cádiz y Reino de Murcia y en todas las ciudades, villas y lugares desde el Tajo a la Andalucía, no se eche garañón (asno) a yeguas so pena de perder asno, o pagar diez mil maravedíes, y lo mismo quien cruzara yegua con caballo sin hallarse antes reconocido por los veladores respectivos del Concejo».

---

26 Los mulos, además de ser más longevos, frugales y trabajadores eran muy apreciados para la agricultura y el transporte. Un muleto de 2, 5 años resultaba más comercial y con un valor de hasta cuatro veces el de un potro (salvo ejemplares de caballos especiales) de 3-4 años.

En una posterior orden dada en Granada el 30 de septiembre de 1499, los Reyes daban otro paso en contra de la liberalización de la producción muletera y regulaban el uso de otros équidos de silla de menor categoría al propio caballo, ratificando y explicitando las anteriores pragmáticas. En esta (la de Granada del 99), los Reyes Católicos ordenaban que, a partir del 1 de abril de 1500, solo se pudiera cabalgar en caballos o yeguas de más de dos años, y se prohibía expresamente que cualquier persona, fuere cual fuere su estado, grado o condición incluidos los infantes o duques, pudieran cabalgar en mula, macho, trotón o jaca –ensillados o albardados–, salvo los hombres de armas[27] y en situaciones especiales. Las únicas excepciones autorizadas seguían siendo los clérigos de orden sacra, los frailes, las mujeres, los correos y los embajadores.

Para más abundancia, entre las medidas que salvaguardaban al caballo respecto al mulo, los Reyes acotaban una zona geográfica donde no se podía echar asno a las yeguas. Esta prohibición afectaba a las ciudades y villas al sur del Tajo, con ello se señalaba en sus territorios lo que luego se denominó la *raya real*: una línea imaginaria que dejaba al sur las regiones donde existían las mejores yeguas de España, es decir, Andalucía, Murcia, Extremadura y buena parte de Castilla-La Mancha.

Los Reyes también intentaron con ahínco mantener un contingente importante de caballos de calidad de raza y/o casta[28]. Con este objetivo, en las poblaciones situadas al sur de la «raya real» ordenaron a los concejos velaran que en sus localidades hubiera para echar a las yeguas, caballos (padres) «buenos y de buen cuerpo y casta». Asimismo, que los concejos de aquellos términos designasen a veedores, para vigilar la bondad y características de los caballos padres.

Por otro lado, la sociedad castellana al tener ahora unas menores necesidades defensivas redujo en muchas poblaciones los alardes anuales obligatorios, pasando de cuatro a uno, e incluso en otros lugares intentaron abandonar la convocatoria de aquellos alardes. Sin embargo, nuestros reyes pensaban lo contrario, prueba de ello es que por real provisión del 28 de julio de 1494 dada en Segovia, ellos mismos –los reyes– convocaron un alarde en Toledo. Este alarde debería realizarse el día de Santa María del mes de septiembre, con el propósito de conocer «el número de caballos de la guisa y de la jineta» que existían en aquella tierra.

---

27   Los mozos de espuelas podían montar en las mulas a pelo, y no de otra manera, pero si iban ensilladas o con albarda o angarillas sólo podían llevarlas a la rienda. (Galende y García Pérez 2008).

28   En este sentido, parece oportuno reseñar que, el número que conformaba el hato de ganado de un propietario socialmente considerado, su piara caballar era alrededor de diez yeguas.

Una vez tomada Granada, ellos mismos escribieron a los concejos de Andalucía informando sobre la obligación de mantener caballo especialmente a todos los vecinos cuya riqueza alcanzara una determinada cuantía. No obstante, estos reyes aumentaron dicha cuantía –la que obligaba a mantener caballo– de 30.000 a 50.000 maravedíes.

El inicio de la guerra contra Luis XII de Francia a mediados del año 1502, movió a los Reyes a ordenar el recuento de todos los hombres a caballo aptos para el combate que vivían en las localidades castellanas. Con esta intención se efectuaron alardes en 1502 en Extremadura y en 1503 en Valladolid y Toledo. En el alarde de Toledo, de un total de 3260 parroquianos inscritos, exhibieron la posesión de un caballo 611 personas, de las que 28 eran caballeros (o recibían el tratamiento de «señor»), los restantes fueron considerados como peones.

Resulta especialmente relevante e interesante, en relación con todo lo expuesto, la visión que a finales del siglo XV ofrecía el cronista flamenco Antoine de Lalaing sobre la cría de caballos en España, ya que en la narración del viaje que realizó a este país junto a Felipe el Hermoso, se refirió a este asunto en los siguientes términos:

> Esta reina, viendo que sus caballeros montaban la mayor parte mulas y cuando les convenía armar y montar caballos iban adiestrados lo peor del mundo, considerando pues que diariamente se aguardaba la guerra contra los franceses o contra los moros, o contra las dos partes en un mismo tiempo, por lo que ordenó que ninguno, por muy señor que fuese, si no era presbítero u hombre de Iglesia, cabalgase en mula, sino que cabalgase en caballos, y que los caballos fuesen de quince palmos o más a fin de estar mejor preparados para la guerra: e incluso a su marido le obligó a eso. Y ordenó que los de la frontera de los franceses cabalgasen a nuestro modo, y los vecinos de los moros cabalgasen a la jineta.

Desde luego que en todo esto tuvieron mucho que ver los grandes ganaderos de la época, quienes mantuvieron el rumbo de producir unos caballos que, genéticamente, han pasado a la historia. Sería prolijo traer los nombres de aquellos ganaderos andaluces y murcianos, y ¿por qué no? también los del Reino de Granada, quienes a fin de cuentas fueron los que remataron con sus caballos y yeguas la producción del caballo morisco-andaluz. En cualquier caso, entre estos ganaderos, deben ocupar un lugar preferencial los grandes linajes de Andalucía, alguno de los cuales ocuparon sitial propio.

Figura 15. Escena de la caballería de la guerra de Hasting (1066) tomada del Tapiz de Bayaux.

Así pues, de estos linajes y también ganaderos, me parece oportuno por su importancia citar en el Reino de Sevilla, al duque de Medina Sidonia y al conde de Arcos; a don Luis de Godoy, Señor de Carmona, que dominaba la sierra sevillana y de una forma muy especial al señor de Jerez don Rodrigo Ponce de León, marqués de Cádiz.

Asimismo, del Reino de Jaén a don Alonso Fajardo, alcaide de Lorca. Don Miguel Lucas de Iranzo, Condestable de Jaén, y el Adelantado de Cazorla don Lope Vázquez de Acuña. También a don Beltrán de la Cueva y Pedro de la Cueva (Guadix y Baeza); don Rodrigo Girón, Maestre de Calatrava; don Fernando Quesada y don Juan y don Fernando Pareja.

Del Reino de Córdoba, no pueden faltar el incluir a don Alonso Fernández de Córdoba, Señor de Aguilar; don Luis Portocarrero, Señor de Palma y Écija, y a don Martín Sánchez de Valenzuela «los Valenzuela»; a don Rodrigo Mexía, Señor de Santa Eufemia, y al afamado ganadero don Diego Aguayo, así como a «los Aranda» –don Alonso, alcaide de Montilla, don Fernando, veinticuatro de Córdoba, y don Pedro Fernández de Aranda, alcaide de Baena– excelentes jinetes y ganaderos.

En cuanto al Reino de Granada, nos resultan nominalmente desconocidos los ganaderos musulmanes, que los hubo muchos y buenos, no obstante, tras la conquista, sobresale entre todos, don Iñigo López de Mendoza, conde de Tendillas y Capitán General del Reino de Granada, a quien se le ha adjudicado una yeguada de casi mil cabezas.

Carlos V y las excesivas necesidades de caballos durante su reinado

De antemano debe quedar claro, en mi opinión, que entre los reyes Habsburgo el gran aficionado al caballo y mejor jinete era el Rey Carlos –Carlos V–. Este rey utilizaba con gran frecuencia el caballo para la guerra, el transporte, la pompa, así como para otras facetas de su vida. Además, el Emperador, siempre trasmitió a sus allegados su interés por las buenas castas de équidos y cómo de bien valoraba los buenos caballos existentes en sus reinos de España. Sin embargo, el trasiego generado por asuntos de sus gobiernos, en su mayoría urgentes y de inminente solución, hicieron desatender su posible afición por la mejora de la cría caballar de aquellos reinos, por lo que tuvimos que esperar al rey Felipe para materializar dicha mejora.

Claro que nuestros primeros reyes Habsburgo, además de gobernar, presentaron batalla a todos los que les incomodaban, y durante el siglo XVI lucharon en Italia, en el Mediterráneo y, a la postre, en toda Centroeuropa. Este territorio terminó siendo para estos reyes y para los ejércitos españoles su campo habitual de desenvolvimiento y de batalla.

Ni que decir tiene que, para este ejercicio guerrero, el caballo era esencial, dado que para entonces la artillería y la infantería habían avanzado en eficacia como armas de combate, la caballería seguía resultando imprescindible para determinar el ataque veloz y el aprovechamiento del éxito en cada batalla.

Figura 16. Imagen idealizada de Gonzalo de Córdoba (Gran Capitán).

Además, en el transporte en el desplazamiento de personas, de materiales y de los ejércitos por tierra, seguía siendo fundamental «la sangre». Y no digamos sobre el efecto conminador que estos animales producían en los indígenas durante las primeras épocas de la conquista de las tierras americanas. Así pues, a las iniciales inquietudes guerreras, debemos incluir el interés colonizador que tenían aquellos reyes en América, dada la impresión e impacto que caballo y caballero (blanco y con barbas) ocasionaban en el indígena, por ello, a las propias necesidades de équidos que exigían las grandes empresas de los descubrimientos en Centro-América, había que añadir la exigencia de ellos como efecto perturbador de los indígenas para sus conquistas.

Figura 17. Cabalgata de la coronación imperial de Carlos V por el papa Clemente VII en Bolonia de 1530. Juan de la Corte (óleo sobre lienzo). Museo de Santa Cruz, Toledo.

De este modo a nadie escapa la cantidad de caballos que requería España en el siglo XVI, para ser utilizados por los ejércitos y/o a la orden del Emperador, tanto en Europa como en ultramar, pues a decir verdad su número era excesivos para cualquier gobierno coetáneo de áreas geográficas limítrofes.

Pues bien, siguiendo el hilo conductor del rey Carlos y su tiempo sobre la política caballar, cabe preguntarse cómo sería valorada y constatada la necesidad de caballos en la sociedad castellana a principios del siglo XVI, dado que en las Cortes de Valladolid de 1518 en el momento de reconocer a Carlos como rey –junto a su madre, doña Juana– los diputados, para otorgarle su aceptación, lo obligaron a cumplir las siguientes condiciones: primero, que Carlos aprendiera a hablar castellano; segundo, no nombrar a extranjeros para cargos públicos; tercero, la prohibición de sacar metales preciosos y caballos de Castilla, y cuarto y último, dignificar a la Reina doña Juana enclaustrada en Tordesillas.

No obstante, ese mismo año (1518) recién llegado por tanto Carlos a España e imbuido todavía por su original espíritu liberal de influencia borgoña, el rey editó una pragmática, la cual firma junto a su madre doña Juana, por la que libera a sus súbditos del sur peninsular del uso del garañón (asno): dando licencia «para que se pudieran echar asnos garañones a las yeguas para que aya mulas».

Entre 1520 y 1522 Carlos estuvo ausente de sus reinos de España y se convirtió en Emperador de los romanos. A su vuelta declaró entre otros que los caballos hispanos habían sobresalido en batalla y en el correr por Europa. En este sentido, ya hemos apuntado que Carlos V, era un jinete avezado y para sus actividades gustaba montar siempre un buen caballo. Y sobre los lomos de aquellos caballos recorrió durante más de treinta años Europa –por tierras de España, Italia, Suiza, Alemania, Austria, Países Bajos y Francia– para atender asuntos de su interés.

Tras su nombramiento como emperador, de nuevo en España (1522-1529) y celebrada su boda con Isabel de Portugal (1526), uno de los aspectos prioritarios que le ocupó fue propiciar la mejora caballar de sus reinos, para ello contactó con los ganaderos que producían los mejores ejemplares a la cabaña nacional. Entre estos, esta constatada su amistad con don Rodrigo Mexia «el viejo» Señor de Santa Eufemia, quien le regaló algunos de sus ejemplares e incluso el rey solicitó a don Rodrigo que documentara a los gobernadores de Castilla sobre el sistema que empleaba con sus yeguas y reproductores, para lo cual don Rodrigo utilizaba los conocimientos adquiridos con su padre don Gonzalo (Mexía).

Además, en las ordenanzas de los concejos de Baeza 1524; Villafranca de Córdoba de 1541; Hinojosa de 1545; Quesada, 1553; Cazorla y su Adelantamiento y en general en toda Andalucía, se pueden recoger normas acerca de cómo obtener caballos de casta. Entre estas figura el hecho de que hubiera un caballo padre para fecundar 30 yeguas, no más, y que hubiese dos personas designadas –dos inteligentes– en cada ayuntamiento para la selección de los caballos sementales que debían cubrir cada año.

Ahora bien, tras diez años de libertad de uso del asno garañón (en la cabaña nacional), propiciado por la publicación de su primera pragmática de Valladolid de 1518, Carlos volvió de nuevo a realizar una política muletera prohibitiva como sus antecesores. En este sentido, resulta especialmente significativo, tras la celebración de cortes en Madrid, la pragmática del 1 de abril de 1528, donde, entre otras, se intenta frenar la expansión de la cantidad y uso de las mulas que estaba afectando al número de caballos: «conociendo como conocemos que conviene e importa mucho al servicio nuestro e a la honra de la caballería de estos reinos e a la buena guarda e defensa de ellos para que en ellos haya muchos caballos según los hubo en tiempos pasados».

Por cierto, en las Cortes celebradas en 1528 en Madrid, una de las peticiones de los diputados, decía lo siguiente:

> A vuestra Majestad suplican mande dar orden para que en estos sus reinos haya caballos porque hay mucha falta de ellos, conviene que en ello se ponga cuidado y diligencia porque no solamente vendrá en mucha necesidad de caballos, pero de hombres que se críen inhábiles para el ejercicio militar, así para las necesidades de guerra como fiestas y regocijos, que todo es en gran reputación de estos reinos y del estado real de vuestra Majestad, suplica se aplique la pragmática que habla para echar las yeguas a los caballos. (petición, 62)

Pues bien, con la publicación de la pragmática de 1528, Carlos accedía a la petición formulada por sus diputados en aquellas cortes. Además, en la misma (la pragmática) el rey se extendía sobre el uso de las mulas en sus reinos y las sanciones que se debían aplicar ante su incumplimiento:

> que ninguna o algunas personas de cualquier estado o condición que sean, si no fueren clérigos de orden sacra o frailes o religiosas o dueñas o doncellas o embajadores o correos, no puedan andar ni cabalgar en mula, ni jaca, ni trotón, ni hacanea con silla y freno ni mueso por las ciudades y villas y lugares de estos reinos, ni de camino si no tuviese caballo propio suyo que sea tal y de tal tamaño que pueda en él pelear en guerra un hombre armado.

Y por su incumplimiento ordenaba a las justicias se tome y se mate públicamente a la caballería, y a él echen y pongan en la cárcel, en la cual esté veinte y cinco días.

Para mayor abundamiento Carlos V, en otra pragmática dada en Toledo en marzo de 1534 insistía sobre la regulación del uso de las mulas, hacas y trotones y mandaba que todos sus súbditos debían cabalgar, bien a la brida o *a la jineta*, en caballo o yegua de silla. Por otra parte, en una real provisión de 1535, se constata que había personas que sin poner a sus mulas sillas o albardas, se servían de algunas argucias en los arneses (con camas como freno, con guarniciones pretales y falsas riendas) para utilizar aquellas monturas como silla. De este modo en aquella provisión Carlos V prohibía expresamente aquel fraude.

Otro hecho que recogía aquella pragmática era: a) recordaba sobre la prohibición de exportación de los caballos, pues conociendo como conocemos que la nobleza y caballería que hay en nuestros reinos, se defienda que no se saque (de nuestros reinos) potros ni caballos; b) estos animales no pudieran ser tomados en prenda para el pago de deuda; c) aclaraba que los justicias no debían molestar a los dueños de caballos de casta o d) a los de caballos moriscos, aunque estos no alcanzaran la medida exigida de una vara y dos tercios de alzada[29].

En las Cortes de Valladolid de 1537 los procuradores dieron cuenta al emperador sobre la aplicación de la pragmática de 1534, donde se habían producido «muchos peligros y muertes de hombre viejos» que ya no estaban acostumbrados a montar en caballos. Además, se había encarecido el precio de mercado del caballo de silla. Por ello solicitaban se permitiera usar mulas a los que poseyeran caballo, como era el caso de letrados y viejos (de más de cincuenta años). Y a los enfermos y caminantes también se permitiera andar en mula o a caballo, aunque no fuera de la medida y marca establecida.

En las Cortes de Valladolid de 1544 todavía los procuradores solicitaban, al entonces regente príncipe Felipe, que se derogase la pragmática de mulas aprobada diez años antes, pero Felipe nada decidió a expensas del parecer de su padre. Además, Carlos V sobre este asunto siempre daba largas, refiriendo que «estas peticiones serían estudiadas y se proveería sobre su contenido lo más conveniente». Por otra parte, el emperador había ordenado que ninguna mula se pudiera vender ni comprar por más precio de cuarenta ducados de oro, equivalente a quince mil maravedíes, ni la jaca por más precio de treinta y cinco ducados, que correspondían a trece mil ciento veinticinco maravedíes; pues, si esta cantidad era sobrepasada podía perder uno el animal y otro, el dinero.

Carlos V tan sólo accedió a la petición de poder montar en mula al final de su reinado, para lo cual publicó en Madrid el 6 de marzo de 1552 una real provisión, para que cualquier persona pudiera montar libremente en mulas y en cualquier otra bestia, sin sufrir pena alguna por ello en todos sus reinos y señoríos.

---

29 Ello habla del tipo de caballo preferido en España en tiempos del Emperador.

Otro aspecto que consideró importante el rey Carlos sobre este negocio era conocer el número de caballos de silla útiles para la guerra existentes en cada ciudad o villa. Con esta intención se incluía una orden, para que en todos los lugares de sus reinos se abriera un libro registro de los caballos que allí moraban. Al menos así se infiere del libro registro realizado en 1535 en la ciudad de Toledo.

Figura 18. Juegos de «cañas», celebradas en la Plaza Mayor de Madrid.

Esta medida de tener un libro registro, debió de ser una idea importada de Centroeuropa. Aunque Juan I en su día ordenara que se inscribieran aquellos caballos que distaban menos de 20 leguas de la frontera, y más tarde los Reyes Católicos propiciaron algunas de estas inscripciones, lo cierto es que, hasta entonces, en los reinos de España los registros de caballos para la guerra siempre se habían cuantificado mediante la convocatoria y realización de alardes locales. En cualquier caso, entiendo que en general la orden del emperador fue incumplida, pues salvo el caso de Toledo –y solo en 1535– no se conocen libros registros en otras localidades. Es probable que lo laborioso del proceso hiciera desistir a los súbditos y especialmente a las autoridades locales del cumplimiento de aquella orden imperial.

A pesar de este aparente fracaso sobre el libro registro, Felipe II ordenó también, en 1562, que en las ciudades y villas situadas al sur del Tajo se presentara ante la justicia, por parte del escribano del concejo, un registro anual donde se anotaran todas las yeguas, potrancas, caballos y potros que tuvieran sus vecinos. Además, debía realizarse una visita por San Miguel, o en otra fecha que la justicia determinara, para comprobar si se incumplían estas leyes. Estos registros, junto con los testimonios de las visitas, debían ser llevados a la Corte y también al Consejo Real.

En este sentido, resulta curioso analizar el libro registro del caballo de Toledo de 1535 donde se habían inscrito los caballos de silla de aquella ciudad, desde principios de octubre de 1534 hasta finales de octubre de 1535. De su análisis podemos extraer, entre otras, lo siguiente:

a) Parece que era obligatorio registrar sólo los caballos y yeguas usados para la silla, pues nada se dice de las yeguas de cría que seguramente en número mayor pastaban en terrenos o dehesas de su territorio.

b) El número de animales registrados rebasan ligeramente los cuatrocientos. De ellos solo se registraron seis yeguas, lo que confirma la costumbre del jinete de utilizar para la silla o monta a los animales machos (no se especifican si alguno de ellos estaba castrado).

c) Se registraban los ejemplares individualmente, indicando las señas morfológicas más singulares del animal: edad (por juramento del dueño), sexo, capa, pelos indicativos y otros. Parece que en aquella época no era costumbre herrar a los animales con una marca a fuego distintiva de su procedencia (del ganadero).

d) Sobre las capas de los caballos que más abundaban en el Reino de Toledo, puede valernos el recuento realizado sobre este registro, donde de los 400 animales registrados: 190 (de ellos 5 yeguas) eran de capa castaña; 62 eran tordos (de estos a la mayoría se citan como rucios); 43 ejemplares eran catalogados como morcillos; 16 se enumeran como overos, 7 caballos bayos y otros que se citan con otras capas menos convencionales; 18 de estos animales fueron calificados como cuartagos (así se denominaban a los caballos de una menor alzada).

Y bien, al margen de las noticias que proporciona la historia, valoro personalmente como muy positiva la declaración del emperador en Cortes sobre que, los caballos criados en sus reinos de España eran muy buenos y se habían comportado en la guerra y en la monta mucho mejor que los otros caballos de otras razas de sus otros reinos europeos. Asimismo, considero relevante el hecho de que, en determinado momento, ordenara que no se exigiera las alzadas propuestas a los caballos buenos de casta o a los caballos moriscos (o andaluces). Para conocer más sobre el caballo de Carlos V, véase las págs. 138-148 de la obra *El caballo de la frontera* (2021).

Respecto al caballo y América, adviértase que ya en el segundo viaje de Colón (1493), por deseo expreso de la reina, se embarcaron veinte lanzas[30] de la Santa Hermandad de Granada[31]. Y aunque el rey Fernando en 1507 había vedado en España la salida de équidos –especialmente yeguas[32]–, dada la mercadería que se estaba produciendo entre Andalucía y las Antillas, fundamentados por las exigencias de los descubridores sobre estos animales, ello hacía que el consumo de caballos en ultramar resultara imparable[33].

Por tanto, desde el principio en los grandes transportes a ultramar, a pesar de las propias incomodidades del viaje y el mal estado de como los équidos llegaban a puerto, en aquellos viajes se incluían muchos caballos hacia Nuevo Mundo.

Las grandes flotas trasatlánticas se produjeron especialmente a partir de 1501, es decir, a partir de la gran armada colonizadora de Nicolás Ovando (1501-1502)[34], que fue cuando los Reyes Católicos, tras quitar el poder a Cristóbal Colón, organizaron una gran flota al mando de fray Ovando[35]. Dicha flota estaba conformada por 32 navíos, donde se transportaron además de más de 2.000 personas otros enseres como 59 bestias (caballos y yeguas) y 6 vacunos[36].

---

30   Veinte caballos (en el lote, entre ellos, también figuraban algunas yeguas) y veinte jinetes armados.

31   Estos caballos son los que algunos autores que escribieron sobre el descubrimiento, con malas intenciones señalan que no correspondían a los briosos corceles exhibidos en el alarde de Sevilla, sino que habían sido cambiados (para el viaje) por otros tantos «matalones» (véase del Río 1992).

32   A los caballos (machos) estaba vedada su salida de España desde 1492.

33   El primer équido, nacido en Ultramar se produjo en la Española en 1501

34   Luego de la flota de Ovando, al margen de otros transportes de un menor número que se producían con gran continuidad, caben destacar la gran armada de Diego Colón (1509) –segundo gobernador de Santo Domingo– y después la Flota Real de Pedrarias Dávila (1513).

35   De la Orden de Alcántara.

36   Por cierto, algo tuvo que ver en la carga de aquella flota, pues Gonzalo Gómez de Cervantes, corregidor y justicia de Jerez, al ser nombrado para esta empresa intendente general (por ello de los 5000 a 10000 quintales del «bizcocho» del viaje, seguro procedía una buena parte de Jerez), y más tarde (1503) Gonzalo (de Jerez) se encargó de dirigir la Casa de Contratación de Sevilla.

Desde luego que a partir de las conquistas de Hernán Cortes (1520) en pleno Imperio de Carlos V, fue cuando con mayor intensidad se produjeron las necesidades y trasportes de caballos hacia el otro lado del Atlántico, desarrollándose por ello entre Andalucía y América la ya comentada gran mercaduría[37]. En esta época la actividad de conquista era tan intensa y la presencia de équidos ofrecían tantos beneficios a los conquistadores que, al margen del intento de regulación por parte de la Casa de Contratación de Sevilla, las transacciones de équidos se produjeron tan intensamente que incluso la Cría de équidos floreció en las propias Colonias.

Sobre estas cuestiones respecto a Jerez cabe destacar el hecho que acontece sobre el II Adelantado del Paraguay y Gobernador del Río de la Plata (1541-1543), el natural de Jerez de la Frontera don Álvar Núñez Cabeza de Vaca, quién al margen de sus conquistas y el propio descubrimiento de las cataratas de Iguazú, como actividad más relevante se le conoce el haber intentado, dos o tres veces, la repoblación de Buenos Aires.

Figura 19. Supuestas imágenes de dos barcos de la época (carabelas)

En este sentido, permitirme me extienda un poco. Así, en 1536 don Pedro de Mendoza crea en Buenos Aires «un fuerte», el cual ante la presión de los indígenas de la zona (guaradíes, chuna-timbúes, guaraníes y churrúas), consiguieron en 1541 expulsar de aquel fuerte a los conquistadores. Con la precipitada huida de los españoles hacia Asunción, estos dieron suelta a sus caballerías: cientos de animales entre caballos y yeguas, existentes en el fuerte de Buenos Aires. Estamos hablando que aquellos caballos quedaron en libertad, con un posible destino, la Pampa Argentina. Es decir, a partir de aquel momento estos équidos se desenvolvieron en libertad en un medio óptimo, con un clima benigno, abundante comida y las propias llanuras de la Pampa para galopar, ello favoreció que sus yeguas procrearan a su antojo.

---

37 Esta mercadería durante todo el siglo XVI se realizaba desde ultramar hacia la Península, especialmente desde Santo Domingo, México, Cartagena de Indias y Lima.

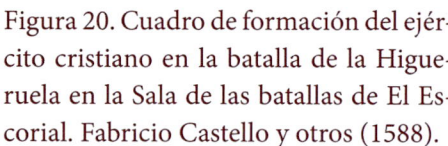

Figura 20. Cuadro de formación del ejército cristiano en la batalla de la Higueruela en la Sala de las batallas de El Escorial. Fabricio Castello y otros (1588).

Así pues, los caballos bonaerenses camparon a sus anchas en la Pampa Argentina y, dada su libertad, con el tiempo incluso pudieron expansionarse por todo el Chaco-Pampaneano americano. En la libertad de la Pampa, además de reproducirse con demasía, aquellos caballos andaluces originaron el estimado y también conocido caballo criollo: un caballo andaluz modificado en el tiempo.

Más tarde, cuando Juan de Garay en 1580 «cuarenta años» después refundó la ciudad de Buenos Aires, los indígenas ya habían aprendido a montar a caballo y aunque aún no combatían en ellos, sí que utilizaban a los équidos, allí existentes, para sus desplazamientos y otras actividades menores.

Otro tanto, debió ocurrir en otros lugares del nuevo continente con los caballos llevados por Pizarro y Valdivia, de modo que con el tiempo desde Venezuela a la Patagonia se repoblaron de équidos aquellas tierras.

Algo similar ocurriría en México con los caballos de Hernán Cortes, especialmente en lo concerniente a la suelta casi siempre involuntaria de hatos[38] originarios de las caravanas terrestres que partían de nueva España para explorar el Suroeste de Norteamérica.

---

38 De uno de estos hatos se debió originar «los mustangs», un grupo de caballos que desde el sigloXIX se consideraba como una raza singular muy celebrada en Norteamérica.

Estos caballos prosperaron por la grandes planicies y praderas americanas de Nuevo México, Arizona y Tejas, haciendo que, a la larga, también se poblaran de équidos todas las grandes planicies de América del Norte: –Wyoming, Nebraska, Colorado, Kansas, Nuevo México, Texas, Oklahoma–. A partir de finales del siglo XVII[39], fueron los propios nativos –siux, pies negros, crows, cheyenes, arapajoes, kiowa y, especialmente, el pueblo comanche y, más tarde, los apaches–los grandes beneficiarios de aquellos caballos, quienes tras el comercio de intercambio de pieles entre indígenas y colonizadores demostraron que dominaban el manejo del caballo (y además sin montura).

Así pues, a partir de entonces correspondió la gestión de los caballos a los propios nativos, por supuesto antes de que se asentaran holandeses, ingleses, y/o franceses (Taylor 2023), quienes cuando se establecieron en América la primera hornada de ellos, estuvieron dedicados a otros menesteres.

Figura 21. Representación de la caballería cristiana de Juan II, sobre la Batalla de la Higueruela. Sala de las batallas, El Escorial. Fabricio Castelo y otros (1588).

---

39 Fecha datada por los arqueólogos americanos como el inicio del aprovechamiento indígena del caballo en Norteamérica.

Una cosa si ha quedado clara para la ciencia: en América, se hallaron restos arqueológicos de équidos procedentes del Paleolítico, pero también está documentado que estas especies estuvieron ausentes de aquel continente a partir de 19.000 años a. C. hasta la llegada de los españoles. Dicho de otro modo, los primeros y casi los únicos équidos que poblaron América durante los siglos XVI y XVII de nuestra era, fueron los caballos españoles y/o portugueses. No obstante, desde 1581 a 1640, Portugal estuvo gobernada por Felipe II, Felipe III y Felipe IV, todos ellos españoles pertenecientes a la Casa de Austria. Además, la gran masa ganadera de los caballos tanto españoles como portugueses, durante la Edad Media fueron en su mayoría caballos moriscos, de ahí que, en mi opinión a la vista de los hechos, resulta más atinado reseñar que fueron los caballos andaluces los que se diseminaron por América.

Felipe II y su proyecto de mejora del caballo en sus reinos

Mayor preocupación y perseverancia que Carlos sobre la mejora de los caballos de casta, demostró tener su hijo Felipe –Felipe II– a lo largo de su reinado. Pues ya en febrero de 1556 mandaba que no se pudieran sacar yeguas de Andalucía para Castilla, y disponía que aquellos que en los últimos tres años hubieren tenido doce o más yeguas (de cría), no pudieran ser apresados por deudas (salvo si eran de rentas reales), ni se les podía embargar trigo, cebada u otros bastimentos para el abastecimiento de la flota u otros servicios reales, ni tampoco ser nombrados, contra su voluntad, curadores, tutores, mayordomos de propios y pósitos, ni otros encargos públicos. Estos no tenían obligación de acudir a los alardes, aunque sí debían registrar a sus animales. Tampoco quería el rey que se tomara ninguna yegua de vientre –ni sus crías y caballos– a los dueños de cuatro o más yeguas de cría, cuando así fuera requerido para atenciones del servicio del rey o de ejecución de la justicia.

El rey, además, en las Cortes de Toledo celebradas en 1559 prometió a los procuradores que mandaría estudiar los medios más adecuados para «restaurar la casta de los buenos caballos». Aquella promesa quedó cumplimentada en la real provisión fechada en Madrid en junio de 1563. En la misma, comenzaba el rey recordando la prohibición, bajo severas penas, que tenían todos los vecinos al sur del Tajo de echar el garañón asno a las yeguas y potrancas de la zona. Estas debían ser cubiertas por caballos de casta, escogidos por las personas que en cada localidad tuvieran ese cometido. Además, extendía dicha prohibición a los territorios «de los puertos de Guadarrama y la Fuenfría, hacia el reino de Toledo y Extremadura, aunque sea allende del Tajo».

El monarca quería que los ayuntamientos de cada población compraran y mantuvieran «caballos de casta» escogidos para la cría, en la proporción de un ejemplar para cada veinticinco yeguas del término. El pago de estos gastos, serían sufragados por los dueños de las yeguas y potrancas que fueran cabalgadas. Los caballos padres serían seleccionados por dos personas diputadas –entendidos–, nombradas por los respectivos corregidores.

Asimismo, Felipe II ordenaba que en los concejos se reunieran personas entendidas para formar ordenanzas municipales relativas a la conservación de la ganadería caballar, incluyendo la delimitación de zonas apropiadas de pastos en sus términos. Por último, liberaba del pago de alcabala en la primera venta a los criadores de yeguas y caballos y eximía de alojamientos[40] a todos los que tuvieran más de tres yeguas.

Ahora bien, el 28 de noviembre de 1567, Felipe II ordenó, por real cédula, la creación de las Caballerizas Reales de Córdoba. Así, ese mismo año mandó editar una real cédula donde se desarrollaban las *Instrucciones de las Caballerizas de Córdoba y Yeguas de su Magestad* (20/XI/1567). En ella se documentaba el funcionamiento que debía presidir la mejora de los caballos de sus reinos.

Para cumplimentar su proyecto, pretendía adquirir 1200 yeguas para que pastaran y criaran en tierras de Andalucía: 600 en Córdoba, 400 en Jerez y 200 en Jaén. Para desarrollar dicho proyecto, nombró caballerizo mayor y responsable de aquella empresa a don Diego López de Haro y Guzmán. Asimismo, encargó a la Junta de Obras y Bosques que se ocupara de la financiación de las caballerizas que deseaba establecer en Córdoba, utilizando para ello los fondos procedentes de las salinas de las costas de Andalucía[41].

---

40 Se refiere al alojamiento de soldados que obligaba a los vecinos, cuando un ejército transitaba por aquellas tierras.

41 Véase el capítulo 6, «Felipe II y el caballo andaluz», en Agüera (2021), donde se expone el proyecto de las Caballerizas Reales de Córdoba impulsado por Felipe II. Dado su interés, dicho capítulo se transcribe íntegramente a continuación.

Figura 22. Caballería nazarí en el fresco sobre la «batalla de la Higueruela», en la Sala de las batallas de El Escorial. Fabricio Castello y otros (1588).

Fray de Cabrera, predicador y confesor de Felipe II, decía «Nuestros abuelos, señores, se lamentaban de que Granada se hubiese tomado a los moros, porque ese día se enmarcaron los caballos y enmohecieron las adargas, se acabó la caballería tan señalada de Andalucía y se mancó la juventud y sus gentilezas tan valerosas y conocidas»[42]. Personalmente me parece que aquella añoranza de Fray Cabrera era compartida por buena parte de la sociedad de la época y obedecía a la cruda realidad del momento.

El mejor caballo de la península –caballo jinete o andaluz– al menos en cuanto a la calidad de locomoción, había sido logrado durante los tiempos de la «frontera» en el sur peninsular, pues las frecuentes cabalgadas y correrías, tanto del lado cristiano como en el musulmán, obligaban contar para aquellas incursiones con las mejores monturas. Es decir, para la frontera se requerían unos caballos ágiles, veloces y resistentes, dado que el jinete lo fiaba todo a la calidad de su cabalgadura y ante las situaciones a las que se enfrentaban, aquellos caballos debían también ser nobles, valientes e inteligentes.

Sin embargo, a partir de 1492, lo que ocurrió en España fue un acelerado aumento de su velocidad de crucero: el mundo de aquellos reinos se agigantó. La expansión de Aragón por Italia; el descu-

---

42 Tomada de González Jiménez (1995).

brimiento de América; la llegada de los Habsburgo; la adjudicación del Sacro Imperio Romano al rey Carlos como emperador (Carlos V); guerras con Francia, el turco y en los Países Bajos, y un sinfín de acontecimientos, obligadamente distrajeron el rumbo de la cría caballar nacional y/o modificaron las exigencias del tipo de caballo tanto para su uso en la paz como en la guerra.

Así pues, durante la primera mitad del siglo cambiaron las prioridades de uso del caballo, e incluso el Gran Capitán[43] y los tercios del Duque de Alba, los máximos exponentes bélicos de su tiempo utilizaron los caballos en sus enfrentamientos contra otros ejércitos europeos de modo diferente al criterio que hasta entonces existía. Todo ello llevó a abandonar casi inconscientemente los antiguos cánones de la cría caballar, aunque se seguían requiriendo caballos resistentes y valientes, también gustaban los caballos de mayor masa corporal y potencia. Ello supuso dejar de lado entre los objetivos de la cría caballar, buena parte de aquellas cualidades con que habían sido dotados los caballos hispanos de finales de siglo (siglo XV). Además, a los mudéjares de Granada después de la guerra, para mantenerlos desarmados y evitar rebeliones, se les prohibió criar caballos, destinando por ello sus yeguas (las de los mudéjares granadinos) a la cubrición con el asno garañón y por tanto a la producción muletera.

Por todo ello Felipe II (1527-1598), un rey de corte intelectual metódico y con mentalidad funcionarial, tras ser coronado en 1555, entre las necesidades de gobierno, consideró como uno de sus proyectos acometer la mejora de las razas de caballos de sus reinos. Para ello en la década de los sesenta (siglo XVI) fraguó un proyecto consistente en configurar en Andalucía una yeguada de 1.200 yeguas.

El compromiso que adoptó este monarca para poner en marcha un proyecto de este tipo iba más allá de una afición personal, como la que podría tener Felipe por los caballos. Silício[44], tutor real, en junio de 1540 en una carta dirigida al emperador sobre los estudios del príncipe Felipe, decía lo siguiente:

---

43 El Gran Capitán, en Italia al mando de 6.000 infantes y 700 jinetes, modificó las bases de la guerra acabando con la hegemonía de la caballería (pesada) medieval. A partir de la batalla de Ceriñola (1503), organizó a las tropas para el combate utilizando como principal bloque de sus ejércitos a arcabuces y piqueros, y dotó a la caballería (ligera) de movilidad en la lucha, adaptándose en cada momento a las circunstancias de la batalla.

44 Juan Martínez de Silicio, sacerdote graduado en las Universidades de Paris y Salamanca, fue designado tutor de Felipe en 1533.

Aunque la caça es al presente la cosa que muestra mas voluntad, no por eso afloxa en los estudyos un punto. Y a ser de tener a mucho con esta hedad de catorze años en que la naturaleza comiença a sentir flaquezas, aya Dios dado al príncipe tanta voluntad a la caça que en ella y en su estudyo la mayor parte del tyempo se ocupe. Y más tarde (en septiembre), los pasatiempos que tiene después de su estudio son yr a caça algunas veces y correr sortija.

Y cuando tenía dieciséis años, Zúñiga[45] afirmaba que era «el mas gentil hombre de armas de esta corte, que esto se puede decir sin lisonja, que esta semana pasada hizieron una escaramuça de caballos ligeros, él y el duque de Alba en el campo». Y añadía, «(era) de combatir a pie y a caballo muy bien» (Kamen 1997).

Esta pasión ecuestre de la que había gozado desde su juventud no disminuyó con los años, pues a pesar de que los achaques en su salud le iban apartando paulatinamente de la monta, hasta poco antes de morir mantuvo el interés por los caballos. Además, algo debería haber influido en su decisión los consejos y pretensiones de su padre el Emperador, un jinete consumado a quien gustaba estar sobre «un buen caballo» y que cabalgó por toda Europa para atender asuntos y batallas de su gobierno y que consideraba la abundancia de caballos en sus reinos una exigencia de primera necesidad.

Las Caballerizas Reales de Córdoba

Felipe II tenía perfectamente planificado el proyecto para mejorar los caballos de sus reinos[46]. Este consistía en seleccionar en Andalucía[47] una cantidad importante de yeguas, para alojar 600

---

45   Juan de Zúñiga, Ayo de Felipe a partir de 1535, un noble compañero del emperador que gozaba del título de Comendador Mayor de Castilla.

46   Los datos que se aportan han sido tomados del Legajo 273 y otros pertenecientes al Archivo de Simancas, que por gentileza de la dirección de aquella institución obra una copia de este legajo en mi poder. En ellos se recogen, entre otros, documentos concernientes a las Caballerizas Reales de Córdoba generados a partir de 1565 desde que se realizaron las primeras gestiones de Felipe II, para la iniciación de este magno proyecto, hasta 1598 fecha del fallecimiento del Rey Felipe.

47   «… Havemos mandado dar para la raza y casta de caballos que havemos mandado hacer en Andalucía» (Carpio 2017).

de ellas en dehesas del reino de Córdoba, 200 en el de Jaén, y otras 400 en tierras de Jerez. De este modo, se obtendrían un número importantes de potros destinados a servir a las caballerizas del rey, a la mejora de la cabaña caballar nacional, así como permitir rebajar el precio del caballo en sus reinos. Pero además como las yeguas y los caballos padres habrían de ser elegidos (seleccionados) entre los mejores ejemplares existentes en Andalucía, con la reproducción controlada y continuada de los mismos se obtendría una nueva raza[48] equina.

Para realizar el referido proyecto, Felipe II eligió a Córdoba una ciudad en el corazón de Andalucía, emplazada en un cruce de caminos, prospera y fuertemente industrializada en el siglo XVI, de tradición ganadera, dotada de extensas dehesas y afamada por la calidad de sus caballos[49]. Y a un noble cordobés, don Diego López de Haro, la persona quien pilotara dicha empresa.

Figura 23. Vista de la monumental cuadra (Sur) de las Caballerizas Reales de Córdoba (siglo XVI y actual).

---

48 El concepto de raza se implantó en zootecnia en el siglo XIX. En el XVI las distinciones morfológicas de los caballos eran considerados como castas. Sin embargo, al nominar en los documentos Felipe II «para obtener una nueva raza», un término bastante restrictivo para la época, nos hace pensar que el rey tenía la intención de llegar con sus caballos a conseguir un extremo de calidad mucho más ambicioso.

49 Jerónimo Sánchez, citado por Nieto Cumplido, a mediados del siglo XV decía, «la naturaleza engendra en Córdoba notables caballos cuya agilidad se prefiere a la de los ciervos. Son preciosos por su piel, alegres en su mirada, compuestos en el andar y probados hasta el extremo de su fortaleza».

Además, el rey dejó perfectamente perfilado el proyecto en la real cédula del 20 de noviembre de 1567, donde se desarrollaban las *Instrucciones de las Caballerizas de Córdoba y Yeguas de su Magestad*. En las mismas se documentaba el funcionamiento que debía presidir las actividades de aquel «negocio».

Respecto a que Córdoba fuera la elegida para el desarrollo del proyecto de los caballos, lo confirma el hecho por tener noticias que don Ruy López de Ribera, regidor de Córdoba, el 8 de marzo de 1565 celebró una reunión con su cabildo para tratar sobre una cédula de su Majestad en la que se solicitaban en aquel término, dehesas para yeguas. Durante la primavera (de ese mismo año), se realiza otra gestión de este tipo, esta vez directamente por parte de la Casa real, en este caso sobre la dehesa de *Córdoba la Vieja*, la cual era propiedad del monasterio de los Jerónimos[50]. Asimismo, el rey pactó con el obispo don Cristóbal de Rojas y Sandoval la permuta para este cometido de la cercana *dehesa de la Alameda*[51] por la villa realenga de Trasierra. Luego en 1567, el corregidor don Francisco Zapata también se interesó por la adquisición de las dehesas de La Gamonosa y de las Las Pendolillas. Todo ello habla bien a las claras sobre el hecho que el rey Felipe, tanteaba las condiciones para llevar a cabo su proyecto en Córdoba.

Y no perdía el tiempo el rey para conseguir su objetivo, pues en 1567 llegaron a la dehesa Alameda del Obispo procedentes de Aranjuez las primeras 51 yeguas. Y el 20 de noviembre de 1567 nombró a don Diego López de Haro y Guzmán, caballerizo mayor de Córdoba y responsable de aquella empresa (véase texto de su nombramiento en apartado 2). Adviértase se trata de la misma fecha de la publicación de la real cédula donde se documenta sobre las *Instrucciones de las Caballerizas de Córdoba y Yeguas de su Magestad*.

Como basamento presupuestario del proyecto, Felipe II encargó a la Junta de Obras y Bosques, una institución[52] creada por el príncipe Felipe en 1545, para con fondos de las «salinas de las

---

50 Carpio (2017).

51 Próxima a la ciudad, en la ribera (norte) del río, dotada con dos caballerizas: una de 100 plazas para caballos y potros, y otra abierta para yeguas, con muy buena tierra de cultivo, aunque algo pequeña de extensión.

52 Dependencia especial creada por el príncipe Felipe para supervisar las residencias reales y administrar justicia en las propiedades del rey. Con el tiempo la Junta de Obras y Bosques evolucionó hasta convertirse en un órgano gubernamental de importancia. (Para más información, véase Díaz González 2002).

costas de Andaluzía» se atendiera la financiación de las caballerizas de Córdoba. La Junta, además de hacerse cargo de la paga del personal de aquella institución y su yeguada, salió al frente de los primeros gastos de la caballeriza al abonar las partidas de la construcción del nuevo edificio, así como dotó a la caballeriza de un presupuesto de 6.000 ducados anuales para el mantenimiento de las misma.

Para surtir efecto, el rey libró al menos dos partidas económicas para la adquisición de yeguas[53] y caballos padres, en 1572 una de 4.500 ducados para la compra de 150 yeguas, y en 1578 otra de 738.700 maravedíes. Estas adquisiciones se realizaron por los reinos del sur, elegidos los ejemplares del gusto y criterio de don Diego.

Por orden del rey, en 1568 en el Barrio de San Basilio junto al palacio que en su día había construido Alfonso XI y que entonces ocupaba buena parte de este la Inquisición, se iniciaron las obras de la edificación de una caballeriza: «la fábrica», la cual estuvo finalizada alrededor de 1576. Durante este tiempo el rey estuvo pendiente de la construcción del edificio, visitando las obras en 1570 (desde el 20 de febrero al 26 de abril), coincidiendo con la celebración de Cortes en Córdoba y posterior visita a Andalucía.

El edificio de las Caballerizas Reales de Córdoba contaba con las dependencias propias de gobierno, así como lo necesario para alojar en sus cuadras a más de cien cabezas a que ascenderían los caballos sementales, y los potros de «cuatro hiervas» procedentes del destete de cada año de la yeguada. Estos potros serían desbravados en la caballeriza, y allí seria elegido sus destinos: para semilla, para el rey, o para su venta.

Para las yeguas, don Diego fue adquiriendo, bien por compra o permuta o bien en arrendamiento, las dehesas necesarias donde alojar en régimen de pastoreo a la entonces nueva Yeguada Real. Estas dehesas debían tener entre otras las siguientes cualidades: «el pasto que han de andar sea opulento y de buena yerva que entre ellas no aya yerbas ponçoñosas y que tengan cuestas y en ella aya algunos árboles para reparo del calor y para de invierno aya arboledas y abrigaños para guarecer del intemperio y que los abrevaderos sean aguas correntías ríos y fuentes y no lagunas ni charcos» (Carpio 2017).

Entre las dehesas utilizadas en el antiguo reino de Córdoba estuvieron: Córdoba la Vieja; la ya mencionada Alameda del Obispo, Las Gamonosas, Las Pendolillas, la dehesa de la Rivera, La Valenzuela y El sotillo de la Rivera. Y más tarde o bien temporalmente, también fueron utili-

---

53 Se calcula que cada yegua costaba alrededor de 30 ducados, algo más de 10.000 mrs. (11.250 mrs).

zadas para alojar a las yeguas del rey, las dehesas de Alcocer, La Guadamelena y El Picacho[54], entre otras.

Al frente de la yeguada, Felipe II dispuso como yegüerizo principal a Pedro Hernández, que con anterioridad ocupaba a su servicio este cargo en la Yeguada Real de Aranjuez.

En este relato histórico de los hechos acontecidos en Córdoba, cabe destacar que el año 1568 fue tremendamente penoso en la vida del rey Felipe, pues aquel año enviudó de su amada esposa Isabel de Valois; murió en prisión el príncipe Carlos; en Flandes, se decapitan a Egmont y Hornes, y además se inició la sublevación de los moriscos en Granada. Todo ello habla en favor de la voluntad de Felipe de llevar a delante el proyecto, pues a pesar de estas adversidades personales y políticas, mantuvo el rumbo del proyecto de las yeguas de Córdoba.

Por último, referir que en las *Instrucciones de las Caballerizas de Córdoba y Yeguas de su Magestad* (1567), el rey perfilaba perfectamente la organización y funcionamiento del proyecto. Así, en su prólogo, justifica las razones que le impulsaban a desarrollar aquella obra. Para el funcionamiento de la caballeriza compone 16 capítulos que afectan a aspectos muy distintos. En el primero, hace descansar la máxima responsabilidad en el caballerizo mayor; seguidamente, establece la vinculación y control de este «negocio» con la Corona, obligando al caballerizo cada seis meses a dar cuenta personalmente al rey de la empresa; la administración económica estaría sujeta a la Contaduría Mayor de Cuentas, por tanto a la Hacienda estatal; estipula qué hacer con los potros producidos en la yeguada y obliga a consulta con la corona sobre cualquier otro posible destino de los mismos; dota de autonomía y capacidad de gestión al caballerizo mayor, y declara que él tendrá la administración de todo, y ejerciera la autoridad en nombre y representación del rey: don Diego residirá en Córdoba pero con obligación de viajar por los lugares (de Andalucía) por donde haya caballos y yeguas del rey; a continuación reconoce el proyecto desde la progresividad, iniciándose (en 1567) con un número importante de yeguas en Córdoba y el compromiso de criar más yeguas en otros lugares de Andalucía (Jaén y Jerez); en otro capítulo se hace referencia a los espacios que han de disponer las yeguas: dehesas, que deben ser espacios públicos acotados y guardados para las yeguas del rey; dedica otro capítulo sobre el objetivo fundamental de obtener una raza y casta de caballos excepcional, aquí se extiende sobre la elección de los ejemplares y como obrar en su reproducción, así como se ofrecen consejos sobre la alimentación y los cuidados especiales que deben recibir –tanto caballos como yeguas–. Otra sección importante se dedica a la edi-

---

54 Las dehesas de La Melena y El Picacho pertenecían a don Fadrique Portocarrero, corregidor de Toledo.

ficación de las Caballerizas Reales de Córdoba, atribuyéndose a don Diego y a su corregidor, Francisco Zapata, la responsabilidad de elegir su emplazamiento en la ciudad. En otro de los apartados se determinan algunos de los oficiales que habrán de servir en «las caballerizas» Los últimos tres capítulos los dedica a la administración de la empresa y señala que nombrará el cargo de pagador, único responsable de administrar los fondos y gastos de las mismas siguiendo el modelo de la caballeriza de Madrid.

El nombramiento del pagador de las caballerizas se consuma el 28 de noviembre de 1567 en la persona del jurado don Francisco Sánchez de Toledo. Mas tarde, el 20 de octubre de 1572, también se nombra un contador, eligiéndose para ello a Juan Ximénez de Salazar.

Así pues, en 1572 puede decirse que el proyecto concebido por Felipe II en torno a caballos y yeguas en Andalucía estaba ya en marcha, que la mayor parte de lo dispuesto en sus Instrucciones Generales se había puesto en práctica y que las Caballerizas Reales de Córdoba eran ya una gloriosa realidad. En 1572 don Diego estaba en plena actividad, la construcción de las Caballerizas de Córdoba estaba bastante avanzada hasta el punto, que fue contratado un portero para las mismas. Un número importante de yeguas, pastaban bajo la autoridad de Pedro Hernández en las dehesas de La Alameda y Córdoba la Vieja, habían sido adquiridas las dehesas de Las Gamonosas y de Las Pendolillas, y se estaba próximo a conseguir del Marqués de la Guardia el arrendamiento de la dehesa de La Rivera, una dehesa que a don Diego gustaba. En Jaén se acababan de deslindar y amojonar dos dehesas: una de invierno y otras para verano, y en Jerez el propio rey había señalado para estos fines dos dehesas de la sierra de Tempul. La intervención de la Junta de Obras y Bosques con fondos de las Salinas de Andalucía, ya habían abonado importantes sumas para personal, madera y otros, tanto en pago de su funcionamiento como por las obras de la fábrica. Y se seguían adquiriendo sementales y yeguas a ganaderos particulares de la zona. Por todo ello puede decirse que el proyecto estaba en fase de realización y próximo a alcanzar una fase de plena expansión.

Don Diego López de Haro y el caballo de Córdoba

El personaje, don Diego López de Haro y Guzmán (1531-1599), un noble cordobés descendiente (nieto) de doña Beatriz de Sotomayor, Marquesa del Carpio y del afamado caballero castellano don Diego López de Haro. Era vecino de Córdoba, caballero veinticuatro de la ciudad, y Gentilhombre de la Casa Real. A decir verdad, para la época un noble de segunda fila, pues el título nobiliario de Marqués del Carpio lo ostentaba un hermano suyo.

No sabemos bien las razones que movieron a Felipe II a fijarse en don Diego para pilotar este magno proyecto, lo cierto es que con fecha 20 de noviembre de 1567 el rey Felipe expide, mediante cédula real, el siguiente nombramiento:

> Don Diego López de Haro, Gentilhombre de Nuestra Casa, sabed que Nos, entendiendo que así cumple a Nuestro servicio y al bien y beneficio público y para que la cría y casta de caballos se acreciente, Hemos acordado de sostener y criar un número de yeguas de vientre con sus potros y crías en la Ciudad de Córdoba y otras partes y lugares de Andalucía. Y Para que esto se ponga así en efecto y se comience, conserve y acreciente la raza, por la satisfacción y confianza que tenemos de vuestra persona y la experiencia que tenéis de esta calidad, «Hemos acordado de elegir y nombrar y encomendaros el dicho negocio, como por la presente os nombramos, elegimos y encomendamos y os mandamos que ahora y de aquí en adelante que cuando vuestra voluntad fuere tenga cargo de dicha caballeriza».

Respecto a los posibles méritos de don Diego para que el rey se fijara en él, hasta la fecha, poco hemos hallado que lo justifiquen. Tal vez el rey, lo conocía o había oído hablar con anterioridad de él, pues al parecer don Diego había adquirido en Córdoba fama de excelente ganadero. O tal vez este Gentilhombre ya habría proporcionado importantes servicios ecuestres a la Casa Real y había demostrado al rey sus conocimientos en materia equina. O quizás, resultó definitivo para su resolución la conocida transacción de venta al duque de Alburquerque del caballo *Bizarro* de su propiedad por 400 ducados, así como la consiguiente difusión del hecho en Madrid y la exhibición del ejemplar en la corte. A buen seguro que este cúmulo de asuntos influyeron en la elección Real.

Desde luego parece que el rey para cuando tomó esa decisión ya había pensado elegir a Córdoba [55]para la ubicación de sus caballerizas, y por ello buscaba un ganadero de la tierra. Lo cierto es cuando esto aconteció acertó plenamente en su elección, como así lo ratifican los más de treinta años en que mantuvieron una relación, al menos epistolar, y que a pesar del respetuoso y a veces ceremonioso tratamiento, siempre quedó patente la confianza mutua entre ambos personajes.

---

55 Por la fama de la calidad de sus caballos y el inusitado auge industrial experimentado en la ciudad de Córdoba en el siglo XVI. Eran famosos en aquella época, las castas cordobesas de caballos «*guzmanes*», «*mexía*», los de don Diego Aguayo, los «*aranda*» y otros.

En cualquier caso, al menos otro noble cordobés, sí que consideraba poseer mayor alcurnia y capacitación para aquella designación, quien además llevado por la envidia hacia don Diego, se convirtió en su público rival. Tal era el caso de don Rodrigo Mexía Carrillo de Fonseca, marqués de la Guardia, cuyos antepasados, los condes de Santa Eufemia y Señores del Madroñil, alcanzaron en el siglo XV en el norte del Reino de Córdoba, fama de diestros ganaderos, y según documento de Manuel Luna Rivera conservaron y mejoraron las características raciales de caballo *tordo* andaluz. De entre ellos, había adquirido gran notoriedad don Rodrigo Mexía «el viejo», quien tuvo una intensa relación con el rey Carlos, recomendándolo el Emperador para que documentara a los gobernadores de Castilla, sobre los sistemas que empleaba con las yeguas y reproductores.

Pues bien, como prueba fehaciente de esta rivalidad y ocultos celos entre el marqués y don Diego, se constata el hecho acerca del largo litigio que sostuvieron por la adquisición de la dehesa La Rivera (1572-1596) de la propiedad del marqués, que desde un principio gustó al Caballerizo para alojar las yeguas del rey y don Rodrigo de forma maquiavélica siempre encontraba excusas para alargar su adquisición.

Sin embargo, el éxito sobre la elección de don Diego, como Caballerizo Mayor de Córdoba ha quedado en el tiempo suficientemente demostrado. Pues así lo atestiguan las alabanzas habidas en el escrito que el 29 de agosto de 1575 por parte de don Francisco Zapata, conde de Barajas y anterior Corregidor de Córdoba, quien escribió al rey sobre el excelente trabajo que estaba realizando don Diego con sus yeguas. Y muy especialmente por los elogios recibidos en la Corte de España por la nobleza y otras casas Reales europeas, al valorar la calidad de los ejemplares obtenidos en las Caballerizas Reales de Córdoba.

En cuanto al valor de su servicio, éste fue públicamente reconocido años más tarde por Felipe IV, quién en 1625 (por sanción del 2, XI, 1625) declaró *por juro heredad* el cargo de Caballerizo Mayor de las Caballerizas Reales de Córdoba, a su nieto, también Diego López de Haro y marqués del Carpio, dejando a partir de entonces el cargo vinculado a la «casa del Carpio». Por tanto, a la persona que ostentara el cargo de marqués/a del Carpio, también le correspondía el cargo de Caballerizo Mayor de las Reales Caballerizas de Córdoba.

Para realizar el objetivo proyectado por el rey, en 1567 llegaron a la dehesa de La Alameda más conocida como la Alameda del Obispo, procedentes de Aranjuez, las primeras 51 yeguas. Estas habían sido seleccionadas por don Diego en la yeguada que allí tenía el rey: la Yeguada Real de Aranjuez. La dehesa de la Alameda contaba con casa y caballeriza, estaba situada en los aledaños de Córdoba a la orilla (norte) del Guadalquivir, y fue sometida a trueque[56] con el permiso del rey, por petición expresa de su caballerizo, entre el Obispo de Córdoba, don Cristóbal de Rojas y Sandoval y don Diego, por la realenga «Villa de Trasierra».

El primer semental de esta inicial ganadería fue el caballo *astigiano* que junto a la yegua *hovera*, don Diego había adquirido con anterioridad[57], o bien eran de su propiedad. Además, en la documentación compilada, hemos hallado que el rey libró varias partidas para la adquisición de yegua[58] y caballos padres.

Además, por orden del rey, en 1568 en el Barrio de San Basilio junto al palacio que en su día había construido Alfonso XI, se iniciaron las obras de la construcción de una caballeriza, la cual estuvo finalizada alrededor de 1576. «La fábrica», que es como se denominaba al edificio de las Caballerizas, contaba con las dependencias propias de gobierno, así como lo necesario para alojar en sus cuadras a las más de cien cabezas equinas.

Para las yeguas, don Diego fue adquiriendo, bien por compra o permutas, o bien en arrendamiento en Córdoba, las dehesas necesarias donde alojar en régimen de pastoreo a la entonces nueva Yeguada Real.

Para hacernos una idea de la dimensión caballar de esta empresa, siempre basándonos en datos documentales[59], podría valernos el inventario de la Yeguada Real de Córdoba realizado en 1584 por Alonso de Mesa, criado de su majestad, quien informaba al rey de lo siguiente: «que en el campo –en las dehesas cordobesas pues para entonces se había desistido, por diferentes motivos, de la cría en tierras de Jerez y en los baldíos de Jaén– existían 688 cabezas herradas, de las que 587 eran yeguas, 494 de las cuales eran mayores de tres años».

---

56 En 1571, se produjeron las capitulaciones del obispado de Córdoba sobre su "Alameda", así como el trueque por la villa de Trasierra.

57 En el legajo 273/2, figuran justificaciones de gastos por parte del prior don Antonio Toledo (Caballerizo mayor de la Casa real), ocasionados por el caballo «astigiano» desde el 1 de agosto de 1563 al 1 de junio de 1566, y de la yegua «hovera» desde el 26 de octubre de 1563 al 20 de marzo de 1565. Ello corrobora, en ambos equinos, su pertenencia Real con anterioridad a 1567.

58 El Rey, en principio había mandado traer 40 yeguas napolitanas, pero don Diego en un escrito le informa que para aquellas fechas todas aquellas yeguas estaban o muertas o desaparecidas.

59 El legajo 273 del Archivo de Simancas.

En cuanto a la producción de caballos de la explotación, nos puede servir de orientación el también informe de Alonso de Mesa elevado al rey en 1583, al que le comunica la existencia en las Caballerizas de 161 nuevos caballos: 85 potros de «cuatro hierbas»; 55 de «tres hierbas», además de los 31 que quedaron presentes en el verde.

Estos potros eran desbravados y domados en la Caballeriza: 24 de los cuales eran asignados a la Casa Real (los cuales no entraban a su servicio hasta que estos no cumplían los 9-10 años), así como otros destinados a regalos del rey a allegados y otras Cortes europeas. De hecho, hemos encontrado varios documentos donde don Diego con el debido respeto se queja al rey, sobre elevado número de estos obsequios[60], pues ello ocasionaba a las finanzas de las caballerizas un acusado déficit presupuestario. El resto de la producción se destinaba a la elección de sementales (los primeros seleccionados de cada camada), así como los excedentes para la venta, pues ello permitía de algún modo equilibrar el cada vez más desequilibrado presupuesto[61].

Téngase en cuenta que Caballerizas tenían desde 1570 un presupuesto de 6.000 ducados, y según escrito de don Diego de 1576, sólo para mantener los 110 caballos en las caballerizas se necesitaban 8.200 ducados –dos reales y un cuartillo por caballo y día–, 74 ducados por caballo al año. Por ello don Diego, solicitó al rey vender algunos de los excedentes para obtener otros ingresos. En este sentido es curioso conocer que un caballo del rey con el hierro de Córdoba en la época cotizaba a 100 ducados el ejemplar. Esto era el doble de lo que costaba el arrendamiento –50 ducados/año– de la caza, pesca y aplicación de colmenas en la dehesa de La Ribera, donde se mantenía 200 yeguas.

El modo de operar de don Diego en el gobierno de la Caballeriza era el siguiente, como ya se ha expuesto, las yeguas se explotaban en las dehesas en régimen de pastoreo. El yegüero mayor encargado de las piaras era Pedro Hernández, quien con anterioridad había ocupado este cargo en la Yeguada Real de Aranjuez y se trasladó a Córdoba por mandato expreso del rey.

Para la elección de estas dehesas el Caballerizo Mayor exigía para sus yeguas, que: «las dehesas tuvieran buenos y abundantes pastos, con cuestas para que se ejercitara la piara, con árboles que le dieran sombra en verano y las resguardara del frío en invierno, con abrevaderos de agua corriente o ríos, para

---

60 Uno de los años los caballos regalados por el rey llegaron hasta 36.

61 Los 6.000 ducados del presupuesto se compensaban con los ingresos procedentes de la venta de caballos excedentes, así como con las aportaciones de la aristocracia cordobesa y los arbitrios ordenados por el corregidor a la población de Córdoba, destinados al sostenimiento de los caballos del rey.

que nunca bebieran en charcos de agua ni lagunas, así como no pastoreasen con sus yeguas otras yeguas ponzoñosas ni ningún tipo de ganado». Además, no quería se las molestasen durante el reposo o en pastoreo, con la caza (especialmente de conejos), la pesca, ni por la existencia de colmenas.

Sus parideras eran en régimen de «año y vez», es decir, se cubrían y preñaban las yeguas cada dos años, o mejor cuando una de ellas gestaba se les dejaba descansar otro año. Las rastras se destetaban al año, y con «dos hierbas» ya estaban separados los machos, los cuales con tres y/o cuatro hierbas se llevaban a la Caballeriza para ser desbravados, y para elegir definitivamente el destino de cada ejemplar: futuro semental; destinado para la Casa Real, o para su venta. Y las potras para continuar como madres, eran seleccionadas en las dehesas por el yegüero mayor, el palafrenero mayor y el propio don Diego.

A los caballos padres se les tenía un trato especial. Cada temporada eran seleccionados aquellos que iban a cubrir y el destino de estos. En Córdoba, en las cuadras se alojaban los sementales, a los que se les iban añadiendo paulatinamente otros que descollaban en cada camada.

Como muestra de los sementales existentes en la Caballeriza, podría valer el inventario realizado en abril de 1583 por Alonso de Mesa, que remitió al rey. Pues en el mismo se relacionaban los siguientes: 12 caballos padres de la raza: *Perfecto, Noble, Toledo, Ruanelo, Gava, Españolete, Naranjado, Alicante, Relámpago, Travieso, Duquecillo y Gamo*. Además, existían otros caballos de la raza: 2 de nueve años: *Alegrete y Junquito*, 2 de ocho años: *Perpiñán y Pachote*. Y otros 5 caballos de siete años, 4 caballos de seis años y otro *el Mahomilla* de la misma edad; 16 caballos de cinco años y 36 (más) de cuatro años, la mayoría de ellos seguramente estaban en doma para ser enviados a la Caballeriza Real de Madrid.

Como ya ha sido apuntado, la mayoría de estos sementales se desplazaban para la cubrición a Las Pendolillas, una pequeña dehesa con caballeriza a la orilla del Guadalquivir, próxima al Puente de Alcolea. Esta lindaba con Los sotillos de la Ribera[62], donde se apartaban las yeguas de La Rivera que (ese año) debían de ser cubiertas. Para cada yegua se utilizaba el semental que parecía más adecuado (cubrición dirigida).

Para darnos una idea del producto obtenido e imaginar el prototipo de caballo que se utilizaba en aquella época, tendríamos que revisar los retratos ecuestres realizados por grandes pintores de la época: Tiziano –Carlos V en la batalla de Mühlberg–, el Greco –San Martin–, Van Dick –el Duque de Lerma– o a Rubens –retrato ecuestre de don Rodrigo Calderón–, pues dada la fama alcanzada por los caballos de Córdoba, a buen seguro que estos fueron los modelos sobre los que (se querrían pintar) se pintaron los nobles de aquella aristocracia.

---

62 Que se había adquirido para este uso a don Alonso Carvajal por recomendación de don Diego.

Sin embargo, en mi opinión, existe otra fuente documental que, para los objetivos que se persiguen, me parece aún más reveladora. Se trata del fresco sobre la «Batalla de la Higueruela», pintado en la Sala de las Batallas del monasterio de El Escorial, con unas dimensiones de 54 metros de largo por 3 metros de alto, es decir, 162 metros cuadrados de pintura. En este fresco se escenifica el enfrentamiento entre las tropas de Juan II de Castilla y las de Muhammad VIII del reino nazarí de Granada, y por tanto se representan en su diseño cientos de caballos. La obra fue encargada por Felipe II al pintor Fabricio Castello, ayudado por los también pintores genoveses Nicolla Granello, Lazzaro Tavarone y Orazio Cambiaso. El fresco fue realizado entre 1587 y 1589, lo que, en mi opinión, lo convierte en el mejor documento gráfico sobre el caballo surgido, a finales del siglo XVI, de las Caballerizas Reales de Córdoba.

Desde luego que esta aseveración no deja de ser una opinión personal, aunque eso sí una opinión bastante plausible, pues, aunque no se conoce una documentación que confirme que Fabricio Castello y sus colaboradores tomaran como modelo para aquella magna obra (al menos por su tamaño[63]), el caballo que don Diego estaba modelando en las caballerizas y dehesas cordobesas, lo cierto es que cuando los pintores genoveses iniciaron el fresco en 1587, hacían 20 años que habían llegado las primeras yeguas a la Alameda del Obispo y para entonces sus ejemplares gozaban del favor del rey y el beneplácito general de la corte[64].

Morfológicamente, se representa un caballo extremadamente bello, fuerte, mesométrico y masivo; de cabeza mediana y perfil ligeramente convexo; cuello gallardo y engallado con abundantes crines; grueso tronco, dotado de una ampulosa y potente grupa, sobre la que se implanta una cola baja poblada y sedosa; los miembros de estos caballos se muestran bien conformados y sus extremos enjutos y limpios, lo que hablan bien a las claras de su calidad locomotora. Y a buen seguro que sus movimientos, serían armónicos secuenciados y altivos, y en su comportamiento se expresarían como los caballos ágiles, resistentes y valientes de los que procedían. Este caballo desde una perspectiva exclusivamente zootécnica resulta morfológicamente muy cercano al que todavía hoy conocemos como «caballo andaluz», a cuya raza desde los albores del siglo XX debido, entre otros, al nacionalismo exacerbado de finales del diecinueve, también se le conoce como «caballo español».

---

63 De 54 metros de largo y 3 de alto (162 m). En el mismo se secuencia: El rey Juan II y don Álvaro de Luna; los ejércitos en formación; la batalla; los cristianos entran en Granada, y los musulmanes abandonan aquella ciudad.

64 Véase también la figura 6.2, un caballo obsequiado por Felipe II al archiduque Alberto.

Pues bien, este caballo estaba tan cotizado en Europa que el Emperador Maximiliano II y su hermano el archiduque Carlos de Estiria, crearon –a partir de caballos andaluces ligeros originarios de Córdoba– los también famosos caballos lipizzanos, y con el tiempo (Carlos VI) la *Escuela Española de Equitación de Viena*[65]. Asimismo, don Juan de Austria, el rey de Francia, el duque de Baviera y tantos otros ilustres coetáneos llegaron a considerarlo como el mejor caballo del mundo. Y con posterioridad siguieron los elogios, pues en 1658, el Duque de Newcastle, dijo a su rey de él: es «el caballo más noble del mundo, el más bello, el más digno de ser montado por un rey en un día de triunfo». Y una autoridad tan constatada como La Guérinière (1733), aseveró «todos los autores han dado la preferencia al caballo de España y se le ha mirado como el primero para el manejo, la pompa, la parada y la guerra».

Y bien, este es el caballo que obtuvo don Diego López de Haro, hacedor del caballo andaluz, en el crisol de Córdoba, durante más de treinta años de trabajo en las dehesas y caballerizas cordobesas.

¿Y por qué? añado el aditivo de don Diego «hacedor del caballo andaluz». Eso es lo que a continuación me dispongo brevemente a comentar.

En primer lugar, porque el resultado obtenido fue el de un *caballo de prototipo reconocible*, un aficionado de la época podía identificar aquellos ejemplares entre el resto de la población caballar. Además, este prototipo se ha mantenido en el tiempo, pues el caballo logrado a finales del siglo XVI se asemeja morfológicamente *al caballo que ha llegado hasta nosotros*, del que nos sentimos tremendamente orgullosos, «nuestro caballo español».

Tal vez el éxito alcanzado por los ejemplares en aquella época creó escuela, influyendo con ello en las sucesivas generaciones de ganaderos andaluces, hasta el punto qué cuando en la segunda mitad del siglo XVIII y primera mitad del XIX, otras modas hicieron tambalear este prototipo y pusieron en cuestión las bondades del caballo andaluz, ganaderos locales (muy particulares) hicieron resurgir de nuevo en nuestro caballo sus originales bondades.

Otro aspecto trascendente se infiere del hecho que don Diego parte de una población animal bastante uniforme, los caballos que existían en Andalucía elegidos bajo el criterio de una misma persona, es decir, *al gusto de don Diego*. Él tenía su caballo en la cabeza, el que le gustaba, el que quería mejorar, llevando la selección en post de ese caballo ideal soñado. Siempre caminó en esa dirección, desechando todo lo que se apartaba del objetivo, y potenciando lo que se aproximaba

---

65 Creada con los caballos llegados de Córdoba. El actual edificio de Viena fue construido entre 1729 y 1735, en tiempos de Carlos VI.

a su modelo ideal. Para ello cuidaba mucho la elección de sementales, e incidía en la selección repetitivamente con los caballos padres que le gustaban, cubriendo estos a yeguas hijas, nietas e incluso a algunas de sus bisnietas.

En la elección de los caballos sementales, el Caballerizo se llevaba su tiempo, pues seguía a la piara en el campo, identificaba las madres de los elegidos, controlaba el desarrollo de los potros. Luego en los apartaderos los observaba como se comportaban estos ejemplares en la piara. Después todos, y digo todos, se desbravaban en la caballeriza, para apreciar su comportamiento en la montura y demostrar su idoneidad para la silla. En fin, incluso una vez seleccionado, a buen seguro que se mantenía expectante hasta ver que como buen «padreador» los productos ofrecían la calidad deseada e incluso superaban a sus progenitores.

Esto lo estuvo realizando don Diego desde 1567 hasta 1599. Mas de *treinta años* en post de un objetivo: su caballo ideal. Eso sí animado por la autoridad que le proporcionaba Felipe II y por el éxito obtenido en el mundo por sus caballos. Tras más de treinta años de dedicación, don Diego escribió a su rey en estos términos «la bondad de los caballos de Córdoba, es cosa de mayor grandeza que tiene su majestad en el mundo».

Y treinta años, son muchos años, especialmente en una población equina, pues ello permite obtener más de seis generaciones. Además, deberíamos tener en cuenta las elevadas tasas de consanguinidad producidas pues, aunque el colectivo era amplio, entorno a las quinientas yeguas, dado que se tenía la intención de fijar unos caracteres deseados, las cubriciones de los caballos padres fueron sin embargo repetitivas.

Seis generaciones en mi opinión son suficientes. Según los genetistas con cinco generaciones de progenitores que se controlan genéticamente se obtiene una pureza racial del 95%. Y eso es mucho, casi con toda seguridad nos permite fijar unos caracteres y hacer reconocibles a sus descendientes. Por ello no nos debemos extrañar cuando reconocemos los ejemplares de un determinado ganadero, pues estos suelen mantener las tradiciones de padres a hijos, es decir al hijo gusta el mismo caballo que gustaba a su padre, o mejor que aquel le hizo ver que el bueno era el caballo que ellos buscaban: el resultado es un caballo reconocible dentro de su población racial.

Desde luego que el concepto de «raza» no se determinó científicamente hasta el siglo XIX, pero en la historia siempre se ha jugado con este término, eso sí mezclado con el de «castas». En los documentos de Simancas se alude repetitivamente a los ejemplares de la raza que se quiere alcanzar, los caballos de la raza del rey y los productos de la raza. Creo no iban mal encaminados, pues a la postre la ciencia les ha dado la razón.

Para terminar, me parece apropiado rendir homenaje desde aquí a don Diego López de Haro y Guzmán, un personaje cordobés que, en mi opinión, realizó unos de mayores logros de la España moderna, y desde luego este logro: fue el hacedor del caballo andaluz[66] ha de ser considerado como la obra más trascendente de Córdoba de la época Moderna.

Que yo sepa don Diego nunca ha merecido un reconocimiento público, quien tal vez, tapado por la grandeza de su promotor, el rey Felipe II, al que sirvió hasta su muerte, la sociedad olvidó su protagonismo en aquella obra. Al parecer nadie ha recabado en la trascendencia de su labor, ni siquiera Córdoba su ciudad natal donde vivió y trabajó 67 años, le ha dedicado el nombre de una calle o lucir una escultura en algunas de sus plazas. No obstante, por el sólo hecho de ser el hacedor de una raza de caballos –caballo andaluz– de tan reconocido prestigio como la cordobesa, merece la condición de universal.

Como discurrieron los hechos respecto a las Caballerizas de Córdoba, Jaén y Jerez a partir de 1572

Al margen de lo considerado sobre el proyecto del rey, el trabajo de don Diego y el éxito logrado en la corte y en el mundo por los caballos de Córdoba, nos quedan por tratar algunos asuntos concernientes al desarrollo de las Caballerizas Reales de Córdoba, que de no cumplimentarlas dejaríamos su historia inacabada.

Empecemos, para cumplir este objetivo, por tratar sobre la originaria propuesta del rey de alojar yeguas en otros lugares de Andalucía. En este sentido cabe destacar que en diciembre de 1571 ya se había aprobado por parte del corregidor de Jaén, el acotamiento de las dehesas donde alojar

---

66 Como herederos de aquellos caballos generados en el crisol de Córdoba y fabricados en sus Caballerizas Reales, hay que mencionar también a algunos ganaderos actuales –criadores o propietarios de los ejemplares andaluces– que han hecho historia en la competición internacional de doma, así como a los jinetes que llevaron a sus caballos al éxito. Estos, entre otros, a los qué debemos reseñar, son los siguientes: los caballos Evento y Oleaje de la Yeguada Militar y su jinete Ignacio Ramblas; Invasor, de don Álvaro Domecq, montado por Rafael Soto; Fuego, de don Miguel Ángel Cárdenas, y su jinete Juan Manuel Muñoz; Norte, de la Yeguada Lovera montado por José A. García Mena; y G. Nidium, de Ventura Camacho, y su jinete Rafael Alcalá Zamora. Todos ellos, triunfaron en lo que saben: criando y montando caballos andaluces.

las 200 yeguas del rey. Y el 3 de marzo de 1572 este mismo corregidor comunicaba al rey haberse realizado los trabajos de deslinde y amojonamiento en las dehesas señaladas. Como dehesa de invierno se señaló el «baldío camino de Baeza» hasta el Guadalquivir, y como agostaderos y dehesas de verano el Hoyo, los Collados Altos y Bajos y Cabañeros. Para mayor afianzamiento sobre la inminente llegada de las yeguas a Jaén, a finales del año 1572, fueron nombrados dos guardas para las dehesas amojonadas. Asimismo, se eligió a Pedro de Berrio Mexía, a las órdenes de don Diego, como encargado de las yeguas. Con esta intención el rey emitió, por estas fechas, el correspondiente nombramiento a favor de Pedro de Berrio, para el que consignó un sueldo de 50.000 mrs. anuales, que cobraría a partir del momento que llegaran las yeguas a aquellas tierras.

Otro tanto ocurrió en Jerez, pues por las Actas capitulares del primer semestre de 1572, se conoce la preocupación que despertaba en los miembros de su cabildo la anunciada llegada a aquellas tierras de las yeguas del rey. De estas actas, también se infiere que aquel concejo celebró varias reuniones para tratar el tema, el cual no solo generaba contrariedad entre los veinticuatro del concejo, sino que estos como argucia dilatoria demoraron intencionadamente el nombramiento de los caballeros diputados del término encargados de intervenir en el señalamiento de las requeridas dehesas. Y como tampoco dicho señalamiento fuera realizado por el corregidor Cristóbal Pacheco, fue el mismo rey quien eligió y señaló, como los lugares más apropiados para alojar a las 400 yeguas previstas, a las dehesas de dos valles de la Sierra de Tempul.

Figura 24. Puerta de entrada de Caballerizas Reales y Arco del Barrio de San Basilio de Córdoba.

79

Pues bien, en mi opinión, nunca llegaron a pastar las yeguas del rey en las dehesas de Jaén, ni tampoco en tierras de Jerez. Como confirmación a esta rotunda afirmación, debo señalar lo siguiente: a) se ha constatado que en 1578 se produjo un desajuste en la contabilidad de la contaduría de las Caballerizas de Córdoba, por no haberse gastado 5000 ducados, librados por el rey para la adquisición de yeguas para Jaén; b) en septiembre de 1581, nueve años después del amojonamiento de las dehesas en Jaén, Felipe II concedió a Pedro de Berrio Mexia 200 ducados así como el reconocimiento a los servicios prestados en compensación al sueldo que no pudo percibir al no haber llegado las yeguas a las dehesas del Reino de Jaén; c) tampoco parece que llegaran a pastar las yeguas y potros del rey en las dehesas jerezanas, pues no se conoce ningún documento que así lo acredite.

Las razones para modificar la idea original de crear una yeguada en distintos lugares de Andalucía se debieron, entre otras, a las abundantes argumentaciones por parte de los concejos locales de Jaén y Jerez, acerca de los posibles perjuicios que recibirían los ganaderos de aquellas ciudades, al verse desprovistos de unos espacios públicos de pastos necesarios para los ganados de los propios concejos. A esto se debe añadir, la insistente propuesta de don Diego sobre concentrar la cría caballar del rey en Córdoba, en gran medida debido a las reticencias y desconfianzas mostradas por el Caballerizo mayor (don Diego) acerca de cómo pudieran obrar las personas encargadas lejos de su control. Además, conviene considerar que, en aquellas fechas, el rey tenía en su agenda asuntos de Estado de mayor envergadura que la mejora de su caballería. Las prioridades de Felipe II estaban centradas en cuestiones como la situación en Portugal, los conflictos en los Países Bajos o la esperada llegada de barcos procedentes de América al puerto de Sevilla.

Y bien, este cúmulo de asuntos terminaron por hacer desistir a Felipe II de su original y primitiva idea de configurar una gran yeguada en varios territorios de Andalucía. De modo que a finales de 1581 se desiste definitivamente de alojar una parte de la nueva yeguada real en Jaén y Jerez, concentrando tan sólo sus yeguas en las dehesas cordobesas.

Otro hecho a tratar es sobre la finalización de las obras del edificio de las Caballerizas. En este sentido resulta revelador el memorial enviado al rey en abril de 1576 sobre *Relación de lo que toca a la fábrica de la caballeriza de Córdoba*. En el mismo se detallan que, para dar por finalizadas las obras, se deben realizar los siguientes trabajos: cuatro puertas grandes, encalar y empedrar el tránsito de las caballerizas, seis aposentos para graneros y guardas, nueve rejas grandes de ventanas, y allanar, encalar y pintar el patio principal. Ello nos lleva a considerar que en 1576 las obras estaban prácticamente finalizadas. Y en 1578 una vez realizados los flecos denunciados y sobre todo constatada la orden emitida a favor de Juan Coronado (máximo responsable de la obra) de liquidar todas las deudas, se puede dar por concluida y liquidada la edificación de «la fábrica» de los caballos de Córdoba. Así pues, en aquella fecha (1578) a nuestro entender quedaron definitivamente terminadas las obras de las Caballerizas Reales de Córdoba.

No obstante, en 1582, los peritos municipales, a instancias del entonces contador de la fábrica Jerónimo Márquez, reconocen graves deficiencias estructurales hallados en los tejados de las Caballerizas. Por este motivo se abre pleito contra Juan Coronado, responsable de las obras. Ante estos hechos Felipe II, a pesar de sus múltiples preocupaciones de gobierno, no se olvida de sus caballerizas de Córdoba y ordena, mediante una cédula real firmada en Lisboa de fecha 15 de enero de 1582, se haga entrega al pagador de las caballerizas de 200.000 mrs. para ser empleados en reparar los importantes daños detectados en dicha caballeriza.

Pues bien, a finales de 1583 se considera reconstruida la caballeriza y subsanados los defectos de construcción aparecidos a pocos años de su edificación. Por cierto, esta reconstrucción fue atendida por el mismo constructor, Juan Coronado, que hizo la obra original. A este, tras el pleito, se le asignó una cantidad compensatoria de sólo 2.300 ducados de los 3.600 presupuestados. No obstante, a Juan Coronado finalmente le fueron abonados por aquella segunda intervención 2.500 ducados.

Otro asunto que merece una consideración complementaria, es lo referente a la dehesa de la Rivera. Esta dehesa situada en Alcolea a ambas orillas del Guadalquivir consta de unos terrenos fértiles y frescos entre las riberas del río y la sierra, que habían gustado desde el primer momento al Caballerizo para alojar a las yeguas del rey. Esta dehesa se empezó a utilizar, para acoger al núcleo principal –200 yeguas– de la piara real, a partir de 1572 mediante arrendamiento, en tanto se formalizaba su adquisición. Sobre aquella dehesa, su propietario don Rodrigo Mexía, marqués de la Guardia[67], al margen de su demostrada envidia y animadversión hacia don Diego, mantuvo durante años, un conflicto de intereses con la ciudad de Córdoba.

Efectivamente, tal como reflejan numerosos documentos de la época, durante muchos años existió sobre la dehesa de La Rivera un litigio público, debido a los precios abusivos de arrendamiento que, año a año, imponía el marqués a la ciudad de Córdoba, cuyo concejo pagando su renta trataba de evitar la permuta de la dehesa por la villa realenga de Torremilano que don Rodrigo quería incorporar a su patrimonio junto a Torrefranca[68]. Para lograr su objetivo, la propiedad utilizaba un arbitrario aumento del precio del arrendamiento o cualquier otro asun-

---

67 Hoy, conserva parecida extensión y pertenece al Duque del Infantado, quien al parecer fue adquirido durante la desamortización del siglo XIX.

68 Hoy, ambas villas constituyen la ciudad de Dos Torres.

to sobre el que litigiar, como era el ocasionado por posibles pérdidas en la explotación de la caza, de la pesca o por la colocación de colmenas. Todas estas acciones y maniobras causaban inquietud al Caballerizo Real y/o a los vecinos de la ciudad de Córdoba. Definitivamente, en 1596, la dehesa fue adquirida para la Corona, valorándose la misma en 12.396.000 mrs. así como otras prebendas complementarias que hubo de otorgar al Marqués como exigencias acumuladas.

Las Caballerizas Reales por la magnitud de su negocio, necesitaban para su gobierno, guardería y mantenimiento, un elevado número de personas de muy diversa cualificación. La plantilla de este personal la conformaban más de medio centenar de empleados. Estos dependían de la autoridad del Caballerizo mayor don Diego López de Haro y presupuestariamente de la Junta de Obras y Bosques.

En el gobierno de la empresa, acompañaban a don Diego: un yegüero mayor, Pedro Hernández; el veedor contador, don Francisco Sánchez, y su pagador Juan Ximénez de Salazar. Ellos junto a todo el personal encargado de la guardería, cuidado y mantenimiento de los caballos y yeguas del rey, se consideraban como criados de la Casa Real. Por ello gozaban como tales de todos sus privilegios, incluido una amplia y privativa jurisdicción, que aquella situación laboral proporcionaba (Agüera 2011).

Uno de los principales objetivos de la creación de la yeguada de Córdoba, era suministrar buenos caballos a las cuadras del rey. Además, en la Instrucciones generales[69] se señalaban lo que se debía hacer con los potros criados en las Caballeriza de Córdoba, e incluso se indicaba la obligación de consultar expresamente a la Corona, si se pretendía modificar su destino.

Pues bien, en 1574 y 1582, hallamos sendas cédulas reales facultando a don Diego vender los potros excedentes de las camadas. Con ello se pretendía conseguir la autofinanciación de este negocio. Así pues, con el cambio de criterio se intentaba compensar el presupuesto deficitario de las Caballerizas, «y se vendan los demás a precios que fuere justo por orden de nuestro caballerizo mayor para cuyo efecto se avisaran dello y lo que de ellos proçediere se entregara al pagador de la dicha caballeriza haciéndose cargo della como adelante yra contenido» (A.G.S. Leg.144.2.).

---

69 Archivos de Simancas, del cabildo de Córdoba y otros. Véase también García Cano (2003). Instrucciones de las Caballerizas de Córdoba y yeguas de su Magestad (1567).

Cada año la camada de potros era llevada desde las dehesas a la fábrica[70], para allí terminar de catalogar aquellos potros[71]. Así, los mejores, serían destinados para sementales; 24 potros y 12 jacas señalados para la Casa Real (a partir de la década de los ochenta se elegían otros ocho para los coches), otros para los posibles regalos del Monarca, y para su venta aquellos que no fueron seleccionados en los anteriores apartados: «reservados los treinta cavallos de silla escogidos y diez y ocho hacas y cuartagos y treinta y seis cavallos de coche que esta ordenado que aya siempre en esa dicha caballeriza para cumplirse de ellos el número que ha de a ver en la de Madrid conforme que tengo vendays y hagays vender todos los demás a los mejores y más aventurados preçios que se pudiere». Los potros en la caballeriza eran desbravados y allí se domaban la mayoría de ellos. Los destinados para la Casa real, no salían hacia su destino hasta alcanzar los 9-10 años.

Para hacernos idea del número de potros con los que se trabajaba en aquel «negocio», además del inventario aportado en 1583 por Alonso de Mesa (véase apartado 2), puede valer un escrito con fecha 22 abril de 1579 elevado por don Diego a la Junta de Obras y Bosques, quien informaba, «que en las caballerizas, se hallaban 90 caballos, pero que en breve, en concreto para el 15 de mayo próximo, se espera la llegada de 53 ejemplares más, lo que acarrearía desajustes y problemas de funcionamiento cotidiano en la vida de las caballerizas, ya que las mismas estaban preparadas para acoger un máximo de 104 caballos» (Carpio 2017).

Finalmente, como complemento a lo anterior, cabe reseñar que en el otoño de 1593 don Juan de Haro, el hijo mayor de don Diego, llevaría a Madrid 50 caballos, para lo cual en su viaje dispondría de las caballerizas necesarias donde acomodar a los caballos en el camino, así como posada para él y las personas que le acompañaban. Además, ese mismo año el rey había ordenado que se eligieran otros 43 caballos para ser enviados a Cartagena y transportados a Génova. Estos estaban destinados para regalos: 12 al emperador de Alemania, 6 al archiduque Ernesto, 4 al archiduque Fernando, 4 a Maximiliano y 4 a Matías (todos ellos de la familia Habsburgo), otros 10 destinados al duque de Saboya, 2 al duque de Mantua y 1 a don José

---

70 A veces eran llevados previamente a la «Alameda del Obispo».

71 Los potros durante su cría (cuatro «yerbas»), eran observados en su comportamiento en el campo, respecto a cómo se expresaban en la manada respecto a su jerarquización, en sus juegos y en sus movimientos, por Pedro Hernández y por el propio caballerizo, anotándose las características de los mismos con el objetivo de elegir los mejores, para con posterioridad seleccionar su destino.

Acuña. Otro gran envío de estas características no tendría lugar hasta 1596, cuando el propio don Juan de Haro encabezaba otra expedición con 54 caballos, destinados al servicio del rey (Carpio 2017).

No obstante debemos advertir que el proyecto elaborado en la década de los sesenta (del siglo XVI) por Felipe II sobre la creación de unas caballerizas y su yeguada en Andalucía, al presentarlo el rey tan perfilado y pormenorizado en cédula Real, y también debido a la abundante documentación conservada sobre los dictados del rey (Archivos de Simancas), han hecho que, a los que hemos investigado sobre ella, nos ocasionara cierta confusión lo que fue proyecto y lo que a la postre resultó en realidad. De este modo se enmascaraba la propia actividad desarrollada en aquella Institución durante el último tercio del siglo XVI, pues para la mayoría de nosotros, parte de lo detallado en las *Instrucciones de las Caballerizas de Córdoba y Yeguas de su Magestad* ha sido confundido, por su pormenorización, como acontecimientos ocurridos, abandonando, por ello, a veces la senda de la propia realidad.

Lo cierto es que don Diego López de Haro, con la confianza del rey, fue el encargado de llevar a buen puerto el magno proyecto de Felipe II y a partir de 1567, por voluntad Real, don Diego se erigió en la única autoridad y el responsable de las Caballerizas de Córdoba. Pues, aunque Felipe II había dejado por escrito bien detallados los pasos a acometer, las circunstancias políticas, económicas y laborales fueron moldeando en el tiempo el curso de los acontecimientos de aquella gran empresa.

Ahora bien, por los datos aportados se evidencia que la parte correspondiente a Córdoba, sí se cumplió en casi su totalidad. Este es el caso de la construcción de un edificio para el gobierno y alojamiento de caballos padres. La adquisición y alquiler de dehesas para alojar las yeguas. La presencia de casi 600 yeguas elegidas, en las dehesas cordobesas. El servicio de caballos de Córdoba reportados a la Casa real. E incluso otros asuntos menos concretos y subjetivos, como era la de obtener una nueva raza de caballos para mejorar los existentes en sus reinos, también fueron llevados a buen puerto. Sin embargo, el éxito de esta última labor, la de crear una nueva raza da caballos, debemos adjudicarla exclusivamente al buen hacer ganadero de don Diego, pues: él seleccionó las yeguas; eligió cada temporada los caballos padres que tenían que cubrir; practicó la zootecnia del rebaño, manejó la consanguinidad de la piara, y dibujó, en su mente, el caballo que como objetivo pretendía obtener.

Como logro añadido, resultó que este magno proyecto sirvió para rescatar al caballo morisco, que durante siglos con sus galopadas se fue seleccionando en la frontera cristiano-nazarí, para presentarlo a partir de entonces mejorado como una nueva raza: el caballo andaluz. Este caballo de Córdoba, tras su éxito en las Cortes europeas de su tiempo, se erigió en el modelo donde se estuvieron mirando los ganaderos andaluces, para seguir hasta nuestros días seleccionando bajo la óptica de aquel tipo de caballo a sus propios caballos.

El hecho de haber elegido Felipe II a Córdoba para ubicar sus Caballerizas Reales, ha proporcionado a la ciudad –aún se conservan en Córdoba las cuadras y el edificio de estas Caballerizas–, el reconocimiento histórico de haber sido la cuna del caballo andaluz. Este logro, dada la magnitud y el éxito de la obra, pudiera resultar el hito más relevante de la historia moderna de Córdoba.

No obstante, esta histórica acreditación zootécnica no resultó para Córdoba gratuita, pues los cordobeses pagaron un elevado precio tanto económico como jurisdiccional, pues a pesar de contar con partidas presupuestarias específicas consignadas para su mantenimiento por la Junta de Obras y Bosques, las finanzas de aquella empresa siempre resultaron insuficientes. Y el funcionamiento de las caballerizas y los acumulados déficits que ocasionaba la pervivencia del magno proyecto Real, tuvieron que ser sufragados en gran medida, tanto por la nobleza de la ciudad, mediante la aportación de bienes personales, como por el propio pueblo cordobés, ocasionando para ello abusivos impuestos, arbitrios y cargas que tanto el corregidor como el alcalde de la ciudad decretaron a ese efecto.

Las caballerizas de Córdoba tras la muerte de Felipe II. Epílogo

Las Caballerizas Reales de Córdoba siguieron funcionando como tales hasta que los franceses en 1809 violentaron y saquearon la ciudad. El devenir de esta institución en el tiempo y por ende la calidad de los caballos surgidos en sus dehesas, siempre estuvo condicionada, tanto en su producción como en su funcionamiento, a la voluntad de los reyes de la época y muy especialmente a la autoridad y criterio de los diferentes caballerizos que gobernaron esta singular explotación. No obstante, tras 1625 desde que el caballerizo contaba con título nobiliario –marqués del Carpio–, también tuvieron protagonismo e influencia en su devenir, los tenientes[72] caballerizos que acompañaron al caballerizo mayor en la responsabilidad de la dirección de las mismas,

---

72 Nombrados a partir de que se vinculara el cargo de caballerizo de Córdoba a la «casa del Carpio». Los tenientes caballerizos eran elegidos por el Caballerizo mayor de entre oficiales de alta graduación reclutados de los cuerpos de caballería o carabineros y en algunos casos ingenieros militares. Estos tenientes caballerizos, ostentaron, durante amplios periodos de tiempo, la máxima responsabilidad de la Institución, dado que a algunos Caballerizos les interesaba más la vida de la Corte que el devenir de las propias Caballerizas.

Tras la muerte de don Diego (1599), ejerció interinamente como responsable su hijo don Juan de Haro, hasta que Felipe III nombró caballerizo a Juan Jerónimo Tinti (1600-1622). Este entre otras acciones se caracterizó por utilizar caballos padres de fuera de la propia Caballeriza, es decir agregó nueva sangre al ya entonces consanguíneo rebaño que había dejado don Diego. Respecto a esta iniciativa, tal vez lo hizo atendiendo recomendaciones de Felipe III, o mejor de su influyente valido[73] el duque de Lerma. En este sentido, está constatado el haber utilizado ejemplares napolitanos[74], con la intención de obtener unos ejemplares más apropiados para traccionar de los enganches, pues en aquella época se hallaban los coches de caballos en la Corte de España en pleno auge y utilización.

Seguidamente (tras Tinti) fue nombrado caballerizo don Alonso Carrillo Lasso, quien en mi opinión obtuvo el cargo no por sus conocimientos hípicos, sino más bien por ser considerado por sus actuaciones culturales en la ciudad como un relevante «sabio» local. Don Alonso, al margen del discurso[75] realizado sobre las propias caballerizas en 1895 que a buen seguro le llevó al cargo, era gran conocedor y escribió sobre diversos asuntos científicos, destacando especialmente sus publicaciones sobre minerales[76].

Y bien, Felipe IV, en recuerdo y premio a la labor realizada por el primer caballerizo don Diego López de Haro y Guzmán, en 1625 (por sanción del 2, XI, 1625) declaró *por juro heredad* el cargo de Caballerizo Mayor de las Caballerizas Reales de Córdoba, a su nieto, también Diego López de Haro, este marqués del Carpio y IV Caballerizo de Córdoba, quedando a partir de entonces el cargo vinculado a la «casa del Carpio». Por tanto, la persona que ostentara el cargo

---

73   Francisco Gómez de Sandoval-Rojas, caballerizo mayor del rey Felipe III, marqués de Denia, y más tarde duque de Lerma.

74   El Reino de Nápoles desde 1504 en tiempos del rey Fernando pertenecía a la Corona de Argón.

75   Al margen de extenderse en alegorías sobre el caballo, descalifica al caballo de las Caballerizas de Córdoba de forma burda sin dar razones objetivas. Don Alfonso, además de encontrar inconvenientes ambientales varios en la cría realizada en las dehesas cordobesas, centra su denuncia en la influencia de tener sangre y haber tomado como modelo a los caballos «valenzuelas», para él a pesar de su hermosura y su encarecido mercado, un caballo padre nefasto en cuanto a las condiciones de sus hijos. De este modo, tan superficial, desvirtúa la calidad de los caballos de Felipe II y se erige en futuro salvador del mismo.

76   Véase su obra: *La cavalleriza de Córdoba* (1625).

de marqués/a del Carpio, también le correspondía ser Caballerizo Mayor de las Reales Caballerizas de Córdoba.

A partir de 1690, el marquesado del Carpio, tras el enlace de Catalina de Haro, marquesa del Carpio, con Francisco Álvarez de Toledo –décimo duque de Alba–, se incorporó, como el cargo de caballerizo de Córdoba, a la casa de Alba. Y a partir de entonces esta Casa Ducal ha gobernado las Caballerizas Reales de Córdoba.

De los caballerizos Alba, parece oportuno nominar a don Fernando Álvarez de Toledo –duodécimo Duque de Alba–, quien ostentó el cargo de Caballerizo de Córdoba entre 1734 y 1776 y destacó por su dedicación a esta causa. Don Fernando, vivió muchos años en Córdoba y entre otras, fue el responsable de haber recrecido las paredes de la dehesa Córdoba la Vieja para evitar que potros de ganaderos pelantrines vecinos, molestaran a las yeguas del rey. También recayó en él, el mandato real (de Fernando VI) de rehabilitar las propias caballerizas tras sufrir en 1752 su edificio un devastador incendio, el cual gracias a la voluntad real y la atención del duque estuvo totalmente reconstruido en 1760[77].

En cualquier caso, el devenir de los caballos del rey en Córdoba como las propias Caballerizas sufrieron en el tiempo luces y sombras. Lo cierto es que, a finales del siglo XVIII, estos caballos procedentes de Córdoba, tal vez por sus altas tasas de consanguinidad, resultaban de escasa alzada, hasta el punto de generalizarse entre «los inteligentes» de otros territorios de los reinos de España, sobre los caballos surgidos de estas Caballerizas la denominación de «las hacas cordobesas». Sin embargo, a pesar de esta intencionada maldad, aquellos inteligentes también reconocían a los caballos de Córdoba como bellos, alegres, bulliciosos y dotados en sus movimientos de unos aires portentosos.

Así pues, el caballo andaluz viene de lejos, pues su génesis fue madurando durante siglos. Originario de los afamados y extraordinarios caballos heredados del Al Ándalus, –los cuales con su modo peculiar de combatir en «torna e fuye», fueron apurándose en sus cualidades de velocidad y agilidad–, este linaje ecuestre vio magnificadas dichas virtudes por las importaciones a la península de caballos y jinetes bereberes almorávides y almohades, quiénes durante casi doscientos años, –siglos XI y XII– fueron la principal provisión y guía de los caballos del Al Ándalus. Luego llegó en la reconquista del valle del Guadalquivir, la aportación del caballo de Castilla, aunque para entonces cercano al caballo del Sur, ofrecía sus propias peculiaridades. Y en la frontera, ambos contendientes con caballos

---

77 De hecho, en la puerta principal de la Institución, luce desde entonces el escudo real de Carlos III, el cual aún se conserva en la actualidad.

castellanos y nazaríes, dadas la permeabilidad de la misma y la propia singularidad de la guerra, al realizarse a base de incursiones en tierras enemigas mediante cabalgadas musulmanas y/o cristianas, se terminó por conformar el afamado caballo morisco desde entonces también andaluz.

Y llegamos a la conquista de Granada. A partir de la misma, el gran desarrollo poblacional experimentado en los reinos cristianos, modificaron los objetivos de aquella sociedad castellana. Ahora, cultivaban nuevos terrenos, incrementaron la producción de cereales y su ganadería experimentó un auge inusitado. En gran medida aquella sociedad perdió atención por el caballo de guerra, abandonando su interés por la cabaña poblacional equina que entonces estuvo relegada respecto a otros asuntos más perentorios. Luego, el emperador emprendió guerras contra media Europa, por lo que comenzó a añorar sus anteriores caballos del sur de España. No obstante, fue su hijo Felipe, un rey constructivo, organizado y metódico, el encargado de recuperar la calidad de los caballos de sus reinos. Es entonces cuando, fundamentado en el caballo de siempre, aparece en escena el caballo andaluz, que, a la postre, ha servido de modelo a los posteriores ganaderos andaluces, murcianos y extremeños para seguir criando este tipo de caballo al que, a partir del siglo XIX, muchos también llaman como caballo español.

Así pues, cuando observamos el galope redondo de los ejemplares de la Real Escuela Española de Equitación de Viena[78], una institución que en la actualidad es referente de la doma europea, creada en 1580 por el emperador Maximiliano II con caballos y yeguas llevados desde Córdoba, nos hace sentirnos orgullosos de aquella aportación. Aunque la mayor satisfacción nos la proporciona ver pasear a nuestros caballos –caballo andaluz/caballo español– por romerías y ferias de Andalucía, o contemplarlo compitiendo con éxito en la modalidad de doma, en juegos ecuestres y olimpiadas. Es en estos momentos cuando sentimos la labor realizada por nuestros antepasados, sobre un caballo originado en el crisol de Córdoba, alimentados con los pastos y granos de la tierra, bebiendo agua en el río Guadalquivir y con las dehesas cordobesas para galopar.

---

78 Creada en 1580 y convertida más tarde (entre 1729 y 1735), por Carlos VI, en una institución referente de la doma europea.

Figura 25. Jaques de Gheyn, Caballo español del Archiduque Niewpoort, 1600. ©Rijmuseum de Amsterdam.

Hasta donde estuvo implicado Jerez en el proyecto de mejora de los caballos de Felipe II

En 1572, cinco años después de la publicación de la cédula de organización, se puede decir que estaba en marcha en Córdoba el proyecto concebido por Felipe II sobre caballos y yeguas en Andalucía, la mayor parte de lo diseñado en sus Instrucciones Generales se estaban haciendo realidad y las Caballerizas Reales de Córdoba gozaba de una gloriosa actividad.

Así pues, en 1572 don Diego López de Haro, caballerizo mayor, estaba en plena actividad, así la construcción de las Caballerizas de Córdoba estaba bastante avanzada, hasta el punto, que fue contratado un portero para las mismas. Además, un número importante de yeguas, pastaban bajo la autoridad de Pedro Hernández, palafrenero mayor, en las dehesas de La Alameda y Córdoba la Vieja y habían sido adquiridas para la corona las dehesas de Las Gamonosas y de Las Pendolillas. Además, don Diego estaba próximo a conseguir del marqués de la Guardia el arrendamiento de la dehesa de La Rivera, una dehesa próxima a Córdoba que al caballerizo gustaba para las yeguas.

En Jaén se acababan de deslindar y amojonar dos dehesas: una de invierno y otras para verano, y en Jerez el propio rey había señalado para estos fines dos dehesas de la sierra de Tempul. La intervención de la Junta de Obras y Bosques con fondos de las salinas de Andalucía, ya habían abonado importantes sumas para personal, madera y otros, tanto en pago de su funcionamiento como por las obras de «la fábrica». Y se seguían adquiriendo sementales y yeguas a ganaderos particulares de la zona. Por todo ello puede decirse que el proyecto estaba en fase de realización y próximo a alcanzar una fase de plena expansión.

Capítulo 4
Los Cartuja y los franceses

Antes de imbuirnos en el tema me parece oportuno incluir a modo de introducción, lo referido por García de la Concha en su obra la cría caballar en España (1924), así como una experiencia coetánea que se produjo en la España del siglo XVIII. Así, sobre la cría en la Cartuja y de los cartujos García de la Concha dice lo siguiente:

> Entre las yeguadas jerezanas famosas merece citarse en primer término la de la Cartuja. La formación de esta renombrada ganadería data del año 1730, fecha que los monjes cartujos se dedicaron a la cría caballar, adoptando para el hierro o marca de sus caballos una campana […] Las dehesas en que pastaba el ganado cartujano era las llamadas «Quinientas» (alta y baja) de los Llanos y «Palmetin», bañadas por el río Guadalete.
> Los caballos de la Cartuja de Jerez, andaluces, no solo eran apreciados en España, sino que fueron adquiridos en varias ocasiones para servir de sementales en ganaderías extranjeras. Esta explotación fue floreciente hasta la guerra de la Independencia. A principios del siglo XIX la yeguada de la Cartuja contaba con más de 300 cabezas.

Sobre la otra experiencia del siglo XVIII se puede añadir. Cuando el caballo de la Cartuja adquirió su esplendor en España o mejor respecto en el mundo del caballo, al margen de la discusión entre inteligentes sobre cómo mejorar el caballo entonces existente, se produjo una experiencia que refrendó aún más el propio caballo cartujano.

Los caballos de la Loma de Úbeda

Cuentan los del lugar, que en tiempos de la reconquista[79], tuvo lugar una batalla entre los ejércitos cristiano y almohade en la Loma de Úbeda. Acabada la contienda, el rey Fernando preguntó a uno de sus principales capitanes, Álvar Fáñez, conocido como «El Mozo»

> —¿Álvar dónde has estado durante la batalla?
> A lo que don Álvar contestó:
> —Por los cerros de Úbeda.

Nunca se supo si este capitán había desaparecido por cobardía, para evitar la batalla, o bien –según los lugareños– por haber estado con una bella joven musulmana.

Si esta frase «por los cerros de Úbeda», ha quedado en el habla popular española como un dicho de no saber dar explicaciones cuando se sorprende a una persona alejado de sus naturales obligaciones, la Loma de Úbeda[80], cuanta también con otra afamada tradición que adquirió en otros tiempos prestigio nacional. Esta fama se debe o mejor se debió a la abundancia y calidad de sus caballos andaluces, los cuales superaban con facilidad tres o cuatro dedos las «siete cuartas» de alzada, y a los que los inteligentes de la época catalogaban como de temperamento sanguíneo, piel suave y de pelo fino y lustroso. Eran caballos dóciles, briosos y con bastante inteligencia para la doma. Especialmente, resultaron afamados los caballos criados en los cortijos y dehesas de la Loma de Úbeda durante los siglos XVIII y principios del XIX, precisamente la época cuando más denostada era por nacionales y extranjeros, la siempre natural calidad de nuestros caballos.

Como prueba de este reconocimiento y celebridad de caballos criados en la Loma, puede valer el hecho que en 1748 el duque de Alburquerque, caballerizo mayor del rey Fernando VI, compró para la Yeguada Real de Aranjuez, 45 yeguas de diferentes edades, pelos y señales de las de la «raza de la Loma de Úbeda». Y también que en el último tercio del XVIII, los potros nacidos y

---

79 Úbeda, fue conquistada en 1233, por el rey Fernando III «el Santo».

80 La loma de Úbeda, es una gran meseta interfluvial bien delimitada geográficamente entre las vegas de los ríos Guadalimar (norte) y del Guadalquivir (sur), situada en el centro de la provincia de Jaén y que comprende los municipios de Úbeda, Rus, Canena, Sabiote y Torreperogil (loma oriental), así como los de Baeza, Begíjar, Ibros, Lupión y Torreblascopedro (loma occidental).

criados en sus dehesas se cotizaban entre 1.800 y 2.200 reales, unos precios muy elevados para la época, siendo estos adquiridos por la remonta del ejército para asistir especialmente a la Brigada de Carabineros Reales y el Regimiento de Coraceros de la Guardia Real, sus principales destinatarios.

Para darnos una idea de la magnitud de aquel negocio, el censo caballar que aparecen en el siglo XVIII en los registros del Reino de Jaén en el término de Úbeda[81], están entre las 2.162 cabezas (1.161 yeguas, 416 potros, 451 potrancas, 25 caballos padres y 109 caballos domados) del año 1729[82], y los 3.010 caballos (1.606 yeguas, 547 potros, 685 potrancas, 30 caballos padres y 142 caballos domados) de finales de siglo (1800), y próximo a la contienda con los franceses, en 1806, existían, en sus más de veinte dehesas y baldíos, 2.738 cabezas (1.351 yeguas, 554 potros, 696 potrancas, 31 caballos padres y 106 caballos domados).

Pues bien, fruto de esta bien ganada fama, terminada la contienda de la Independencia, –tras haber quedado el sector ecuestre en España, como también el país, en estado catastrófico, y la cría caballar estaba bajo mínimos rayando el pesimismo general sobre la calidad de sus caballos–, fue cuando se tomó por parte de la Suprema Junta de Caballería, que entonces presidía Carlos M.ª Isidro de Borbón (hermano de Fernando VII), la decisión de elegir a la Loma de Úbeda, para constituir a nivel nacional, un ambicioso proyecto de regeneración ecuestre. Para ello se creó en la Loma de Úbeda un Centro Experimental de Mejora Equina, donde se realizarían cruzamientos de nuestras yeguas andaluzas con caballos sementales de procedencia centroeuropea.

Para ello, según los datos proporcionados por Cotarelo (1861)[83], en 1822 se arrendaron las dehesas del Capellán en Quesada, y las del Pósito y Cobatillas en Úbeda. El personal asignado al proyecto lo componían: un comandante director, un capitán, un mariscal, un picador, cuatro sargentos, cuatro cabos y cincuenta soldados. Su primer director fue el capitán Vicente Minio,

---

81 El término de Úbeda, comprendía (en el siglo XVIII) las poblaciones de Torre de Pedro Gil, Iruela, Sorhiruela, Villacarrillo, Villanueva, San Esteban, Las Navas, Castellar, Pozo Alcón, Cabra de Santo Cristo, Jodar, Cazorla, Torafe, Albanchez, Hinojares, Quesada y Sabiote.

82 Fecha en que se había superado la crisis de la guerra de sucesión (1700-1714), donde combatieron además de los dos ejércitos nacionales, otros de Francia, Alemania, Inglaterra y Portugal, con el consiguiente destrozo por requisas y muertes equinas.

83 La Cría Caballar en España (1861).

relevado por el también capitán Gregorio Perrier, y a partir de 1825, su director fue el comandante Gaspar López Pintado.

Para la puesta en marcha de la Yeguada, se compraron dos caballos padres normandos Fundador y Arrogante de 6 y 7 años, ambos de capas alazanas, que costaron cada uno de ellos 14.000 reales de la época. Asimismo, se adquirieron 56 yeguas andaluzas, de edades comprendidas entre 5 y 8 años y que costaron cada una de ellas entre 1.550 y 2.100 reales.

Las yeguas allí apiaradas procedían en su mayoría del Reino de Córdoba: veintitrés, de ganaderos cordobeses (Antonio Fernández, Ana de Tena, Antonio Rosales, Antonio Barbudo y Juan Valera) y ocho pertenecientes a Manuel García de Almodóvar; doce se adquirieron a ganaderos de la Loma (los de Úbeda, procedían de las ganaderías de Gregorio Barrionuevo y Juan Marín), y otros trece a ganaderos del reino de Granada. Es curioso decir que la mayoría de las yeguas adquiridas, eran (44) de capa castaña, tan sólo ocho eran negra, dos de color piel de rata, una de capa torda y otra alazana clara. Muchas de estas yeguas llegaron a la Loma preñadas y parieron en las dehesas un total de 11 potrancas y 6 potros, los cuales se criaron e incorporaron, cuando tuvieron edad, a la explotación. Además, en 1824, el marqués de Atalayuelas que tenía su ganadería (de la casta de Altamira) en el término de Montoro, ofreció para incrementar el proyecto del ensayo de cruzamientos 64 cabezas. De ellas se eligieron 58 (caballos y potros de entre 4 y 1 años). Todo este colectivo fue controlado de forma muy minuciosa, anotándose cualquier incidencia tanto sobre los sementales, como en las yeguas y sus descendencias.

Las yeguas seleccionadas fueron cubiertas por los caballos normandos *Fundador* y *Arrogante*, no obstante, a cada uno de ellos se les asignaron no más de 20 servicios/años. El resto de las yeguas, así como aquellas que bien abortaban o quedaban vacías de los caballos normandos dos años consecutivos, se las cubría con los caballos padres andaluces *Brillante* y *Jerezano*. El evidente desmejoramiento de los caballos normandos obligó a reducir a diez o doce el cupo de yeguas por semental. Asimismo, el incremento del número de yeguas en la explotación llevó a incorporar, además de los dos sementales andaluces mencionados, a los caballos *Rosillo, Labrador* y *Artillero,* también de origen andaluz. Para darnos una idea de la dimensión de la explotación, podría valer los datos sobre la paridera de 1826, cuando nacieron 19 potros y 20 potrancas, o bien los de cubriciones de 1827, donde se cubrieron 72 yeguas.

El resultado de estos cruces experimentales no fue muy satisfactorio, pues al margen de los abortos y fallos en la cubrición (el primer año 4 abortos y 20 yeguas vacías), los potros generados en esta experiencia parecían que en «alzada y espesor daban esperanzas, aunque se les advertía en general flemáticos».

Entre estos decepcionantes resultados y otros avatares políticos que ponían el foco de atención en otros negocios lo cierto es que, en agosto de 1828 tras más de seis años de trabajo, se acordó la disolución de la explotación experimental. Para entonces la Yeguada de la Loma de Úbeda, la componían: 6 caballos sementales; 115 yeguas, 93 potros de 1-5 años, 27 potrancas de 1-3 años y 47 mamones (31 machos y 16 hembras). Todo este material biológico, fue trasladado en tres piaras: sementales machos, yeguas con rastras y yeguas «horras[84]», a la Yeguada Real de Aranjuez, y que fueron aceptadas el 29 de septiembre de 1828 por el rey Fernando VII.

El desarrollo del proyecto sobre cruzamientos en la Loma había despertado gran expectación en el mundo ecuestre y especialmente en el del Ramo de la Guerra, pues cuando se acometió venía precedido de un antiguo y largo debate, auspiciado principalmente por personajes tan influyentes como Pedro Pablo Pomar (informes de 1784, 1791 y 1793), y por el informe emitido por los Generales[85] (1818). Como opinión general y la de estos autores en particular, se preconizaba la necesidad de obtener un caballo de más alzada y mayor poderío de tracción, como los que se utilizaban en otras cortes europeas, y señalaban como medio de alcanzar este objetivo la importación y/o cruce con caballos centroeuropeos. Aunque las condiciones de agilidad, valentía y fortaleza de nuestros caballos de silla seguían siendo bien consideradas, se requería, según ellos, una mayor prestancia y potencia en los ejércitos, así como mayor fortaleza para enganchar en los cada día más numerosos carruajes de caballos.

Así pues, todas las tendencias de la época confluían hacia una mejora equina que debería realizarse mediante la importación o cruzamiento de équidos extranjeros, teoría que además contaban como punto de partida con la casi entonces indiscutible teoría del célebre naturalista Conde Buffon[86] de mediados del siglo XVIII. Se debía propiciar una importación selectiva de caballos extranjeros e incluso Pomar proponía la importación masiva de yeguas centroeuropeas.

---

84 Yeguas vacías, es decir no preñadas.

85 Amar y otros (1818).

86 Historia Natural (1750), «Se sabe por la experiencia, que las razas cruzadas de caballos son las mejores y más hermosas y en consecuencia haríamos bien no limitar macho de su país, que ya el mismo se parece mucho a su madre; y por consiguiente en lugar de relevar a la especie, no puede menos que continuar en degenerarla».

Sin embargo, el gaditano Francisco de Laiglesia y Darrac, tal vez por propia convicción, a la vista de los excelentes productos jerezanos de la época, y/o también envalentonado por el fracaso experimental de la yeguada de la Loma de Úbeda, se atrevió en su informe de 1831 a poner en tela de juicio estas tendencias. Darrac argumentaba contra esta teoría, que ante todo se debe calcular el influjo inmediato y directo de la climatología sobre los individuos. Por ello valoraba el influjo ambiental de Andalucía sobre las castas de caballos, de modo que sólo se podrían mejorar los caballos andaluces con otros caballos andaluces: «trasladar caballos andaluces del Reino Sevilla al de Jaén, y estos al de Sevilla; los de Córdoba a Extremadura, Murcia y Granada; en fin, los de Andalucía baja a la alta y los de la alta a la baja». Asimismo, Darrac asumía que la única mejora posible de nuestro caballo (sus consideraciones siempre las refiere a caballos andaluces) tan sólo podría producirse con otros sementales selectos meridionales, especialmente mediante el caballo árabe, «desechando siempre toda cruza con caballos del Norte por lo que concierne a Andalucía».

Pues bien, a pesar de abandonarse la experiencia de cruzamientos en esta Yeguada (1822-1828), la Loma de Úbeda, seguía manteniendo su afamada naturaleza para la cría de caballos, así como su bien ganada celebridad de los caballos allí existentes, «los caballos de la Loma» por lo que durante muchos años siguieron existiendo en la zona muchos y buenos caballos.

No debemos olvidar que esta comarca disfruta de una benigna climatología y se encuentran pastos en todas las estaciones del año. Los ríos Guadalquivir, Vega Toya, Guadiana Menor y Jandulilla, con otros pequeños y muchos arroyos que les dan tributo, van por entre vegas y colinas, fertilizando ricos terrenos de hierbas, y generan resguardo y abrigos naturales para el ganado. Además, sus dehesas están enriquecidas mediante hierbas tan nutritivas como el vallico, rompesaco, trigueras y escayuelas, y otras plantas aromáticas como el tomillo, atocha y salvia, y existen arbustos como el lentisco, bojes, retama y madroños.

Estas condiciones ambientales, permitieron mantener con éxito en La Loma a otras yeguadas afamadas, tal es el caso de las pertenecientes al marqués del Donadio, las del marqués de Vedmiliana o la Yeguada del conde de Gavia, todos ellos de Úbeda, y también a la de José Manuel Collado, marqués de La Laguna, de Baeza.

Otra yeguada que llamó la atención por su notoriedad fue la de Carlos María Isidro de Borbón. El infante al ser presidente de la Suprema Junta de Caballería y desear aparecer como criador de caballos, formó en 1829 una yeguada en Cazorla. Esta estaba conformada de inicio por 144 yeguas y cinco caballos padres (originarios de la baja Andalucía y Aranjuez). No obstante, al año siguiente trasladó el ganado a las dehesas de Córdoba la Vieja y Ribera-Baja de Córdoba, donde hasta al menos 1809 habían estado las yeguas de la Yeguada Real de Córdoba. Al ser ambas dehesas de propiedad real, a buen seguro su hermano les encontró acomodo, o le cedió ambas dehesas para su uso.

La singular riqueza ambiental de la Loma también propició que cuando la Remonta del Ejército, que venía funcionando desde el siglo XVIII de modo espontaneo o aparentemente improvisado, se organizó formalmente al mando de un Brigadier de Caballería, y concentró la recría de sus potros en determinados territorios, entre las primeras zonas geográfica elegidas para realizar esta concentración estuviera la Loma de Úbeda. De hecho, el Ramo de la Guerra a partir de 1828 concentró la recría caballar en tres Remontas generales, las cuales en principio se ubicaron en los términos de Baena, Úbeda y Écija.

En el caso de la Remonta de la Loma de Úbeda, cada año, durante buena parte del siglo XIX, se debía encontrar acomodo para mantener a unos 600 potros de distintas edades. Entre las dehesas utilizadas de octubre a mayo, se cuentan las de El Pósito, El Quemadero, La de Peles, Los Pitos, Guadiana, Loma de Gato, Pedro Marín, Álamo, Torrubia y la de Cobatillas. Y para el verano, se utilizaron las dehesas de Camarote, Catifas, Izquerias y Llanos de Padul, así como se aprovecharon rastrojeras en tierras de Sabiote, Baeza, Torre de Pedro Gil y Venta del Cerro.

En cuanto a la pervivencia de esta remonta en Úbeda cabe reseñar que en el catálogo de 1899, realizado por el Ministerio de la Guerra, *Álbum de los Servicio de Remonta y Cría Caballar* se presentan instalaciones, ejemplares equinos, potradas y otras dependencias, pertenecientes entre otros centros al primer establecimiento de la Remonta de Úbeda. En dicho álbum figuran un total de quince láminas obtenidas en el Cortijo del Pósito, cuatro pertenecientes al Cortijo de Cambalonas y otras seis obtenidas en el Cortijo de Torralba. Todo ello, habla bien a las claras sobre la importancia de la Loma de Úbeda para la Cría Caballar y la Remonta del Ejército a finales del siglo XIX, así como demuestra su pervivencia en el tiempo.

Otra muestra de la fortaleza del sector caballar en la zona se infiere de la instalación del tercer Depósito de Caballos Sementales en Baeza. Pues cuando en 1864 el Ramo de la Guerra por orden gubernativa se responsabiliza de Cría Caballar, una de las primeras medidas que la dirección materializa, fue la reducción de los diecisiete depósitos de caballos sementales que, desde 1834, se habían ido constituyendo por toda la geografía española, a sólo cuatro: los Depósitos de Jerez (1.º); La Rambla (2.º); Baeza (3.º), y Valladolid (4.º).

El tercer Depósito de Sementales de Baeza, a partir de 1875 estuvo ubicado en la Calle Compañía de la ciudad, en un inmueble adquirido por permuta con el Ayuntamiento. Este depósito, luego, centro de reproducción equina, estuvo en funcionamiento hasta la última reconversión sufrida por Cría Caballar en 1995. Algunos de nosotros hemos conocido las dependencias de este inmueble en funcionamiento.

Adviértase que, a partir de 1833, se implantó en España la organización provincial del Estado, y el Reino de Jaén, con ligeras modificaciones, se convirtió en la actual provincia de Jaén[87], la cual contaba con 266.919 habitantes y una extensión de 1.342.640 hectáreas. En cuanto a cabezas caballares se registraron un total de 6368.

Cumplida la segunda mitad de siglo XIX, en la Loma como en el resto de la provincia jienense, se disparó la afición al cultivo del olivo, produciéndose allí y en todos sus territorios extensos plantíos de esta arboleda. El olivar, para su roturación, recogida y acarreo, requería en su labor del auxilio equino, y las preferencias de los del lugar se decantaron por el ganado mular. La cría de mulos, que desde 1830 se había liberado en los Reinos del Sur del impedimento de poder cubrir a las yeguas con garañones, desde entonces, como en toda Andalucía, generaron un auge inusitado.

A pesar de estas profundas modificaciones estructurales sobre la Loma de Úbeda, en el censo de 1859, todavía existían en seis pueblos de Úbeda 3 caballos padres y 1.124 yeguas para todos los usos, 163 de las cuales estaban desinadas sólo a la cría caballar. Asimismo, en nueve pueblos de Baeza, existían 8 caballos padres, y 1.265 yeguas, 127 de las cuales estaban destinadas a la cubrición por el caballo. De este modo, la población mular, también en este territorio, superó a la caballar. Solo quedaron las mulas de trabajo –de Úbeda es el afamado mulo romo, utilizado para las labores agrícolas– y las yeguas para la trilla. Así fue como, en la Loma de Úbeda, los mejores olivos sustituyeron a los mejores caballos.

Pues bien, el esplendor de los caballos de la Cartuja de Nuestra Señora de la Defensión de Jerez se debió al esmero que durante los siglos XVII y XVIII tuvieron los padres cartujos de aquel convento del cuidado de sus caballos, y muy especialmente en lo concerniente a la selección de los propios caballos que ellos mismos criaban y cuidaban.

A finales del siglo XV los frailes de la Orden de San Bruno se instalaron en la Cartuja de Santa María de la Defensión, situada extramuros a 5 km de Jerez, camino de Medina Sidonia y próximo al río Guadalete en su confluencia con el Arroyo Salado. Estos frailes pronto comenzaron a criar caballos, los cuales adquirieron fama de calidad –caballos cartujanos– tanto en su territorio como allende de Andalucía.

En este sentido, cabe destacar que los cartujos, en su explotación, cubrían a las yeguas año y vez y herraban a sus caballos con una simple campana. Separaban los productos a la edad de dos

---

87 Comprendía los partidos judiciales de Jaén, Alcalá la Real, Andújar, Baeza, La Carolina, Cazorla, Huelma, Mancha Real, Martos, Segura de la Sierra, Úbeda y Villacarrillo.

años y tenían especial cuidado de no cruzar sus yeguas con sementales de otras ganaderías, apurando con ello su propia casta. A partir de 1527, sus yeguas pastaron en las fincas los Llanos, Palmetín, Quinientas altas y bajas y en el Santo Cielo, para algunos «Salto al Cielo».

El número de animales de la Cartuja fue relativamente variable, por lo que no podemos asignar a su piara una cifra determinada durante su existencia. Así, se tienen referencias de que en 1725 eran 130 yeguas y 40 potras, y que en 1740, según Sanz Parejo (1992) la cifra era de 673 cabezas. Él cuantificada la piara del modo siguiente: 276 yeguas, 21 caballos sementales, 69 potras de 3 años, 76 de dos años y 81 de un año, el resto potros menores de tres años. Otra referencia nos la proporciona el Catastro de la Ensenada (1752), donde se reseña que en Jerez los cartujos poseían 6399 cabezas de ganado de todo tipo, de las que 260 eran caballos. Entonces los cartujos explotaban también La Peñuela y Lomo Pardo.

En 1798 tenemos la última referencia escrita sobre esta piara cartujana proporcionada por el informe del teniente coronel Antonio Maestre, visitador general del Reino de Sevilla. Este militar cuantifica el número de caballos en la Cartuja de 296 cabezas.

El siglo XVIII constituyó el momento cumbre de la ganadería cartujana: sus caballos eran famosos por todo el mundo. El mito o leyenda en torno a los caballos cartujanos de Jerez hizo que estos llegaran a nuestros días como caballos singulares y de los más afamados entre los existentes en España durante la Época moderna, los cuales agrandaron esta fama en la Edad Contemporánea. Para sostener esta afirmación, muchos ganaderos –llevados de su propia intuición– trataron de dar continuidad a esa estirpe partir del siglo XIX a través de los caballos del Hierro del Bocado.

Pues bien, lo que pertenece a este apartado como origen de estos y otros caballos jerezanos, es la historia que de forma verbal y repetitiva se cuenta no sólo en Jerez sino en todo el mundo hipológico. En todas estas historias se hacen referencia a los «caballos zamoranos», una casta que conformaron Andrés y Diego Zamora, maestros herradores que labraban en el Llano de Santo Domingo una pequeña hacienda de su propiedad. Estos hicieron una afamada yeguada a partir del caballo *Soldado* al parecer comprado en un desecho del ejército y que luego un hijo de este, *Esclavo* fue vendido en 4.000 pesos para Portugal.

Sobre esta historia del caballo *Soldado* escribieron, con versiones diferentes, dos hipólogos influyentes próximos en el tiempo y de la época de los hechos. Estos hipólogos fueron Pedro Pablo Pomar, ganadero aragonés que se erigió en supervisor del caballo de España en tiempos de Carlos IV, y Francisco De Laiglesia Darrac gaditano quien llegó a ser caballerizo mayor de Fernando VII y más tarde (1841) responsable de la creación de los depósitos de sementales de caballos padres del Estado.

Ambos hipólogos, discutieron en su tiempo sobre el curso seguido por la historia de *Soldado* que aún hoy se rememora en Jerez como un eslabón principal de los propios caballos cartujanos.

Respecto al debate entre ambos hipólogos, cuando tratan sobre el caballo legendario Soldado y el ganado de los hermanos zamoranos, Francisco De Laiglesia y Darrac (1831) replica a Pedro Pablo Pomar (1784), refiriéndose a la verdadera historia del caballo conocido en Jerez de la Frontera por el del *Soldado*[88], al sentirse ofendido el gaditano por lo referido por Pomar, al señalar que *Soldado* provenía de «una yegua Frisona, flaca», mientras De Laiglesia lo hacía originario de las yeguas de la tierra (de las razas de don Alonso Retamales, de las del duque de Arcos y de las de las mejores castas de la ciudad).

Pues, según De Laiglesia un labrador de Arcos nombrado don Romualdo Carrera (que aún vivía en 1831) y que en el año 1791 labraba un cortijo en el término de Jerez, compró en 1803 a los padres de la Cartuja un potro de tres años, y lo crió con gran esmero para sus yeguas. Estas eran de las razas de don Alonso Retamales, de las del Duque de Arcos y de las de las mejores castas de esta ciudad. Le salió tan magnífico el caballo cartujano, que muy en breve se le galanteaban con ofertas de veinticinco y treinta mil reales. Carrera, decidido a reservar el caballo exclusivamente para

Figura 26. Actual fachada principal de la Cartuja de Jerez

88 Este fue fundador de las excelentes castas que se han distinguido en últimos tiempos hasta la guerra de 1808.

sus yeguas, logró con él una casta de tal calidad que, al cabo de cinco o seis años, comenzó a vender los primeros dos potros nacidos de aquel semental: uno se vendió por dieciséis mil reales y el otro por diez mil. Se hallaba entonces con otros veinticinco potros de todas edades, y todos superiores, cuando, al estallar la aciaga guerra de la Independencia, Carrera lamentó profundamente que, entre franceses y guerrilleros, le fueran robados todos, incluido el magnífico caballo padre cartujano. Finalizada la guerra, pudo recobrar un potro, hijo de aquel caballo, y volvió a criar otros cuantos, siempre sobresalientes y fieles al tipo de su primera raza. Su descendencia, desgraciadamente muy escasa, aún brilla; no obstante, se distingue hoy día y es buscada con el mayor empeño.

La suerte de los caballos cartujanos

Existe la leyenda, incluso escrita (Ruy d'Andrade 1954; Sanz Parejo 1992, Del Castillo 1995; y otros), que vincula directamente el caballo cartujano con el caballo del siglo XIX del hierro del bocado, e incluso estos auguran que los hermanos Zapatas, ganaderos de principios del siglo XIX del término de Arcos de la Frontera, configuraron el hierro que se conoce como del bocado para herrar los caballos, yeguas y potros que adquirieron[89] a los Padres Cartujos de Jerez, cuando estos fueron desamortizados.

La realidad, sin embargo, parece otra pues la temporalidad de los hechos y la ausencia documental de los mismos la dotan de escasa credibilidad. Al menos así lo clamó con insistencia Altamirano (2000), quien llegó a negar por completo la referida vinculación, es decir, que los caballos del hierro del bocado no tienen continuidad con los anteriores caballos cartujanos.

Pues bien, ante esta casi generalizada confusión, el Foro del Caballo Español –al que yo pertenecía en aquel momento– encargó para sus jornadas científicas, que luego se celebraron en los años 2000 y 2001, a Manuel González de Molina catedrático de Historia Contemporánea y cuya principal línea de investigación era la desamortización eclesiástica, el estudio de aquella cuestión. Ello llevó al profesor González de Molina a investigar *in situ*: archivos municipales de la época de Jerez y de Arcos de la Frontera, archivos provinciales, protocolos notariales de la zona y otros documentos, para sacar conclusiones sobre aquella controversia.

---

89 Adquirieron, la verdad es que no está demostrado que los adquirieran tal como se entiende este concepto. No obstante, bien pudieron ser recogidos –sin precisar el número– de los animales que quedaron en libertad tras la desbandada de los cartujos ante la alarma de la llegada de las tropas francesas

Mi pertenencia a aquel foro y el haber sido uno de los responsables de aquel encargo al investigador, en mi opinión, me autoriza a utilizar como guía de este debate lo reportado sobre el tema por mi colega González de Molina. Nadie mejor que él, una autoridad científica especializada, para realizar esta revisión; además sus consideraciones me parecen plausibles. Es más, yo mismo podría haber corroborado por mi cuenta algunos de estos hechos e incluso abrir nuevas líneas de investigación, pero me ha parecido sin embargo que las conclusiones del profesor González de Molina fueron suficientes. Y hacer sobre ellas mis propias conjeturas me parece temerario, máxime cuando se trata de unos hechos acontecidos hace dos siglos.

Por todo ello, entiendo que la temporalidad de los convulsos acontecimientos sufridos por la Cartuja de Nuestra Señora de la Defensión de Jerez a principios del siglo XIX –tanto en relación con el abandono por los PP. Cartujos al aproximarse las tropas francesas invasoras, como en el momento efectivo de la desamortización–, cuestionan la posibilidad de que los caballos existentes en aquella Cartuja tuvieran una continuidad sucesoria directa.

Y bien, empecemos por el principio. Así, tal como expone el Prof. González de Molina, la yeguada de los PP. Cartujos de Jerez desapareció entre 1809 y 1818.

Figura 27. Imagen idealizada del caballo cartujano.

Para ello se fundamenta en lo siguiente:

- Según el Archivo Municipal de Jerez, en el año 1809 la Cartuja poseyó y gestionó directamente su yeguada. Para hacernos una idea de la dimensión de la misma, cabe reseñar que el último censo documentado[90] que tenemos de la misma corresponde a 1798 y está basado en un informe del teniente coronel don Antonio Maestre (visitador general del Reino de Sevilla), quien cuantifica el número de caballos de la Yeguada de la Cartuja en 296 cabezas: 133 yeguas, 4 caballos padres, 72 potros, 83 potras y 4 caballos domados. Por otra parte, las últimas ventas de animales realizadas por la propia Cartuja, detectadas en los protocolos notariales del archivo municipal de Jerez, fueron de 18 yeguas al Conde de Montegil vecino de Jerez en 1800, y de 9 yeguas a don Manuel Vicente Chavarría vecino de Rota en 1801.

- La supresión del monasterio se materializó por el Real Decreto de 10/octubre/1820. En el inventario de los bienes (salvo el propio Monasterio) incautados a los monjes, aparecen 56 fincas entre rústicas y urbanas por valor de 12.630.250 reales. Las ventas de estos bienes se realizaron a lo largo de los años 1821 y 1822.

- Sin embargo, en el inventario de 1820 ya no aparece en la Cartuja la yeguada, aunque esta pudo ser enajenada o vendida aparte. La ausencia de la misma, sin embargo, se confirma al revisar el *Apeo de la Riqueza Urbana, Rustica y Pecuaria del Reino*[91], un censo minucioso mandado componer por Martín Garay –secretario del Despacho de Hacienda, es decir, el ministro de Fernando VII– realizado exhaustivamente sobre patrimonios y ganados del reino entre el inicio de 1818 y 1819. Según este apeo de Garay, la cabaña ganadera del monasterio ascendía a 20 bueyes, 6 asnos y 3 bestias mayores para la labor, la cual era de 1.310 aranzadas en las inmediaciones del cortijo de la Peñuela.

Así pues, se acota el periodo cronológico de la desaparición documental de la yeguada de la Cartuja entre 1809 –último año que la yeguada fue gestionada por los frailes– y 1818, que es la fecha que se confirma oficialmente su ausencia censal.

---

90 Cotarelo (1861).

91 Entre 1818 y 1819, se realiza un censo exhaustivo sobre patrimonio y ganados, con el objetivo de determinar una «contribución única» al Estado, evitando con ello la multiplicidad de tipos impositivos los cuales estaban dotados de un acumulado de vicios y defectos recaudatorios.

Figura 28. Interior de la cartuja de Santa María de la Defensión (Jerez)

Ahora bien, en estos nueve años, como se ha insinuado, pudo haberse vendido total o parcialmente la ganadería equina de la Cartuja. Por este motivo, González de Molina revisó también los protocolos notariales de los archivos municipales de Jerez y Arcos de la Frontera, por si hallaba alguna transacción de la Cartuja como otorgante. Así pues, se buscaba posibles transacciones, especialmente las relacionadas con los hermanos Zapata, y encontró que en 1817 efectivamente Juan José Zapata, vecino de Arcos, fue arrendatario de 877 aranzadas del cortijo de la Peñuela (las otras 1.753 aranzadas, estaban arrendadas –por parte de la Cartuja– por 66.800 reales a don Juan Martin, vecino de Jerez). Además, en este documento se refiere que en 1818 Zapata se iba hacer cargo de la labor de la totalidad de las tierras, pues contaba con 200 bueyes para trabajar a las mismas.

De este modo se confirma que existía vinculación entre el monasterio y la familia Zapata, pero en ningún caso existe documentación de la posible venta de parte o la totalidad de la yeguada. Ni tampoco se había producido su transacción con anterioridad, como se confirma al revisar el ya citado *Apeo de Garay*, donde se evidenciaba, primero que la Cartuja ya no tenía ganadería[92], y que don Juan José Zapata, en 1818, sólo poseía 30 caballos, 7 asnos, 2 mulos y 4 bestias, ade-

---

92   En las Actas de la Junta de Criadores de ganado yeguar de Jerez, interrumpidas sus reuniones en 1810, cuando se reanudan a partir de 1814, la cartuja no envía ningún representante. Ello puede suponer que los PP. Cartujos, no volvieron a explotar la yeguada.

más de 1.200 ovejas, 342 cerdos y los 200 bueyes antes aludidos. Como puede comprobarse la entidad de la ganadería caballar de Juan José Zapata, era a todas luces inferior a la que debería tener si hubiera adquirido todo o parte de la yeguada de los frailes. Así pues, de este documento se infiere que *los hermanos Zapata no se hicieron cargo de la yeguada de la Cartuja*.

Hecho este acotamiento temporal y la posible transacción de los bienes, procede ahora aproximarnos a la época concreta cuando sucedieron los hechos que dieron al traste con esta afamada yeguada. Y todo hace pensar que las incidencias sufridas por la Cartuja, las debemos relacionar con los hechos acontecidos durante la guerra de la Independencia en la zona. Es decir, el tiempo transcurrido en Jerez desde los últimos días de enero de 1810, cuando se aproximaban las tropas francesas a la ciudad, hasta el 12 de agosto de 1812 que abandonaron los franceses la Prefectura de Jerez de la Frontera.

Ahora bien, antes de considerar los hechos, debemos señalar que José Bonaparte el 21 de agosto de 1809 emitió un real decreto por el que suprimían todas las órdenes religiosas regulares monacales, mendicantes y clericales. Ello suponía, como había sucedido con anterioridad en Francia, la incautación por parte del Estado de los bienes pertenecientes a las órdenes eclesiásticas suspendidas.

Con esta propuesta de la Administración bonapartista, no es de extrañar que los frailes cartujos advertidos (equivocadamente[93]) el día 30 de enero de 1810 de la aproximación de tropas francesas a Jerez, huyeran precipitadamente con lo puesto hacia Cádiz. Para el caso viene bien lo expresado por del Castillo (1995), quien dice:

> un religioso de la comunidad de la Cartuja, en un cuaderno manuscrito, nos describe la salida de los veintitrés monjes y once conversos que había entonces en la Cartuja: El Prior don Nicolás M.ª de los Hoyos tenía puesto en Jerez un Padre Procurador con el objeto de avisarle de toda novedad. Cuando he aquí que éste llega una mañana dando la noticia de que los franceses estaban en Lebrija. Pasamos juntos a la Iglesia con el fin de pedir a S.D.M. su bendición y, quedando algunos PP. que consumiesen las formas

---

93 El día 31 de enero coinciden en su huida en Jerez las tropas del Duque Alburquerque y las guerrillas de Arcos y Jerez constituidas para la defensa, y cuando avanzaban las primeras por Lebrija, los habitantes de Jerez pensaron se trataba del ejército francés, pues las tropas de Alburquerque las hacían defendiendo Sevilla.

sagradas, tomamos los restantes el camino del Portal, a las 12 del día 30 de enero de 1810, con el desconsuelo que no es fácilmente decir. Salieron al día siguiente los Padres que habían quedado, dejando sola nuestra antigua y amada soledad, y abandonando todo cuanto había (a excepción de los cálices, vinagreras, y otras alhajas pertenecientes al culto divino) a los sirvientes, es decir, para el primero que llegase.

También Llamas (1999) basándose en una fuente similar (de este fraile u otro anónimo), se expresa de forma parecida, y señala que los días 30 y 31 de enero los frailes abandonaron la Cartuja, y echa la culpa del posterior robo a los propios jerezanos.

Así pues, todo parece indicar que los frailes abandonaron con precipitación la Cartuja los días 30 y/o 31 de enero de 1810, dejando todos los enseres en manos de los sirvientes. Las tropas del mariscal Soult (duque de Dalmacia) entraron en Jerez el 9 de febrero de 1810, quedando la Cartuja ocho días desprotegida, al pairo de desalmados y desaprensivos; es decir, durante los ocho primeros días del mes de febrero. En Jerez encontró acomodo el duque de Dalmacia, y allí estableció la jefatura, creando una prefectura. Esta permaneció vigente hasta el 12 de agosto de 1812, cuando las tropas francesas salieron de Jerez y se retiraron definitivamente del sur de España.

Queda claro que tenemos tres posibles actores causales de la devastación de las posesiones de la Cartuja de Santa María de la Defensión y su yeguada: los propios jerezanos, el ejército español en su retirada hacia Cádiz, o bien las tropas francesas. Incluso parece probable que intervinieran los tres, cada uno de ellos en distinta medida, aunque complementariamente. En cuanto a lo que nos interesa, la yeguada de la Cartuja, estamos hablando de más de 250 cabezas de ganado que, a buen seguro, estaban separadas en piaras diferentes: yeguas paridas, yeguas vacías, potros y potras por edades, caballos padres (cuatro) y caballos domados, salvo estos últimos (caballos padres y domados) la mayoría de estos animales «cerreros».[94]

Pues bien, empecemos por los propios jerezanos.

A buen seguro que algunos vecinos ante el desconcierto vivido con aquella situación se atreverían a realizar pillerías de menor o mayor grado, pero una sustracción masiva por parte de los jerezanos está descartada por González de Molina. Él señala que «un fenómeno de tanta relevancia debía de haber provocado una fuerte conmoción en Jerez y por tanto debía de haber

---

94 Sin desbravar.

quedado constancia en Actas Capitulares[95]». Y justifica «cuestiones tan importantes como el orden público y la actitud frente a la Iglesia, que tienen que ver con este suceso, tuviesen que dejar necesariamente constancia documental».

El Cabildo de Jerez, compuesto de nobles, comerciantes y grandes propietarios de la zona, decidió no enfrentarse a ningún enemigo de entidad, pues la preocupación fundamental de las autoridades locales era en todo momento mantener el orden público y el suministro de la ciudad. Por ello consintieron en colaborar en el abastecimiento de las tropas. Así lo refleja el Acta del Cabildo celebrado el 2 de febrero de 1810, donde se reseña el acuerdo por el que el ayuntamiento, a instancias del superintendente general de la Real Hacienda, debía de reunir y remitir a la Isla de León toda la harina, trigo, cebada, paja, verduras, vino, aceite y tocino que pudiera reunir para el abastecimiento de Cádiz, donde se había resguardado la Junta Central.

Sin embargo, al parecer estas misiones no pudieron llevarse a cabo por lo referido en el archivo municipal de Jerez, en relación con las actas capitulares del día 2 de febrero (año 1810, tomo I), donde se reseña lo acontecido el día 1 de febrero que dice lo siguiente:

> [...] experimentándose contra estos buenos sentimientos (los de abastecer a Cádiz y al ejército en retirada) que varias partidas del mismo ejército, procediendo con absoluta insubordinación, después de haberse llevado despóticamente infinidad de ganados de toda clase, caballos padres y cuanto encontraban en las casas de campo, cortijos y sus inmediaciones, destruyeron y robaron el Real Monasterio de la Cartuja y muchas de las casas particulares, de manera que introduciendo este desorden han causado la confusión consiguiente a él (se refiere al Duque de Alburquerque) y unos perjuicios, por cuyas razones [...], se tienen ocupadas carretas, carros y caballerías, necesarias para los acopios conducentes, a pesar de que los propios soldados se han llevado violentamente muchas carretas y caballerías y bueyes, con cuyo motivo se halla la ciudad en el mayor conflicto, aún para proporcionar acémilas para la conducción de trigo, harinas y demás utensilios indispensables...

---

95 Constituyen una de las fuentes más ricas de la historia local. En sus sesiones se da cuenta de todo cuanto acontece en la ciudad en cuestiones que tengan una mínima relevancia.

Por lo aquí referido, el desorden en las propiedades de los ganaderos de la zona debió ser considerable.

En lo que respecta al ejército francés, que ocupó la plaza desde el 9 de febrero de 1810 hasta agosto de 1812, ya el 27 de febrero, el marqués de Torremilano, urgía la requisa de caballos para el abastecimiento del ejército francés, para lo cual, según las Actas capitulares del 2 de marzo, el cabildo encargaba a unos comisionados de reunir la gran cantidad de caballos extraviados que existían en el término municipal. Así pues, al desorden introducido por el propio ejército español en retirada, vinieron a sumarse las exigencias y necesidades del ejército francés.

Luego los miembros del cabildo, cuyas pruebas de adhesión al gobierno napoleónico están fuera de toda duda, se quejaban amargamente por los excesos cometidos por los franceses:

> la municipalidad hallándose perfectamente informada de los excesos que se están cometiendo por la tropa francesa así en las oficinas públicas como en las campiñas de esta propia ciudad, observándose en los primeros que en los ramos de la carne, pan, paja, vino y demás, no se atemperan a peso, medida ni a ningún otro orden directivo a una recta provisión como ha solicitado esta propia municipalidad intentando corregir los mismos abusos que igualmente experimentó el ayuntamiento, de cuyo terrible desorden ha de resultar no basten caudales ni provisiones para sustentar aquellas tropas que desperdician y malgastan mucho más de lo que se necesita para su manutención, al paso que en los segundos experimenta esta misma ciudad la dolorosa suerte de que las mencionadas tropas extraigan y se lleven los ganados, las yeguas, los granos y otros efectos, sin que las diligencias de esta municipalidad sean suficientes, no sólo para acortar, sino para contener este torrente de males, con visible detrimento de las artes fundamentales de ellas, y notoria ruina de muchos de sus vecinos… (Actas Capitulares de Jerez de 6 de marzo de 1810).

Y esto sucedía algo menos de un mes después de la entrada de los franceses en la ciudad, pensemos por tanto que no sería fácil la convivencia entre jerezanos y franceses durante los otros dos años y medio de ocupación militar.

En conclusión y en propias palabras del profesor González de Molina para el caso, «en tanto no haya evidencia de que la familia Zapata comprase y conservase, al menos en parte, la yeguada de la Cartuja, las evidencias documentales demuestran que esta desapareció expoliada por algunas partidas del ejército español a primeros de febrero. Y el ejército francés hizo el resto».

De todas formas, a pesar de esta contundente conclusión, nos quedaría por investigar la procedencia[96] de la yeguada de Antonio Abad Romanos, –estirpe «romanita»–, quien vendió en 1860 un lote de yeguas como cartujanas a Juan Pedro Domecq y Lembeye; así como el destino de las 18 yeguas que la Cartuja vendió al conde de Montegil, vecino de Jerez, en 1800, y de las 9 yeguas vendidas a don Manuel Vicente Chavarría, vecino de Rota, en 1801.

Desde luego, que nadie piense que, a pesar de las desagradables incidencias sufridas por la yeguada de la Cartuja –constituida por casi trescientas cabezas–, esta desapareciera de la escena ganadera sin dejar rastro. A buen seguro, en la zona –tanto en Jerez como en Arcos o incluso en la misma Cádiz– se conocía bien el hierro de los caballos cartujanos y la fama de su calidad. Por ello, cualquiera de estos ejemplares habría sido, para los ganaderos locales, objeto de deseo. De ahí que los caballos, potros y también las yeguas, apresados o adquiridos por reventa, debieran haber sido utilizados como reproductores en otras reatas caballares, aunque resulte difícil rastrear con precisión su posterior recorrido.

Puede, que a partir de estos hechos no se volvieran a marcar más équidos con el hierro de «la campana», pero de lo que si estamos seguros es que por muy adversas que se presentaran las circunstancias para el ganado y para sus nuevos poseedores, los caballos cartujanos siguieron diseminando su calidad por tierras de Jerez.

Los caballos del Hierro del Bocado

Dicho lo dicho, nos queda tratar sobre los caballos del hierro del bocado, que independientemente de que tengan o no continuidad con los caballos cartujanos, se tratan de una reata equina de calidad, controlada genealógicamente[97] y dados los premios y fama adquiridos por sus

---

96 Por si existiese alguna relación de compraventa, cesión o herencia con el conde de Montegil, o bien Romanos, regidor en su época de Jerez, adquirió a la propia Cartuja la base de su ganadería.

97 Aquí se debería tener en cuenta al ganadero don Vicente Romero García, quien por lo visto a lo largo del siglo XIX a este ganadero sí gustaron los caballos que habían coleccionado los Zapata. Prueba de ello es que el tiempo ha demostrado que don Vicente adquirió cuantos caballos Zapata pudo de aquella época.

ejemplares en las exposiciones celebradas durante el siglo XIX, se erigieron como los mejores caballos andaluces de su tiempo.

Ahora bien, una vez discutida la ausencia de documentación que ha dado lugar a una generalizada confusión en el mundo ecuestre al reseñar la supuesta continuidad de los caballos del hierro del Bocado con los caballos cartujanos, debemos tratar, en primer lugar, la procedencia de este otro hierro (que no es el hierro de la campana de los frailes): el del Bocado; y, en segundo lugar, su posible utilización por otras yeguadas a principios del siglo XIX, así como la continuidad de dicho ganado en la esfera equina nacional.

El hierro que aludimos –con forma de bocado–, fue el utilizado inicialmente para marcar su ganado en Arcos de la Frontera por la Compañía de Jesús. Este es ligeramente diferente al utilizado por la Orden en general, y también por la Compañía en Jerez de la Frontera dado que ellos (la Orden y Jerez) usaban para marcar su ganado un hierro con forma de «bocado», pero con la incorporación de una cruz en el desveno.

Figura 29. Hierros de los Ganaderos de la Provincia de Cádiz (Cotarelo 1860)

Como muchos conocéis, en 1767 en España se procedió, por Real Orden de Carlos III, a la suspensión de la Compañía de Jesús, quedando sus propiedades incautadas por el Estado. La subasta y adjudicación de estos bienes fueron, en unos casos, encargados a la intendencia de las Temporalidades, y en otros a los propios ayuntamientos del término donde se ubicaba el convento a resolver.

Esto último fue lo ocurrido en Arcos de la Frontera, donde el Ayuntamiento procedió junto a otros bienes, a la adjudicación de 86 cabezas equinas que tenía la Compañía en aquel término. Por lo hallado en el registro de 1770 de Arcos, se adjudicaron del modo siguiente: 1 caballo padre al Marqués de Torresoto, otro a don Mariano de Morón, y 1 potro de 5 años a don Fernando María Ramírez. Por su parte, el grueso de las yeguas de la compañía, fueron adjudicadas a tres ganaderos locales: 4 yeguas a don Pedro González Caballero, de Arcos; 7 a don Manuel Ayllón de Lara, también de Arcos, y 28 yeguas a don Nicolás Caballero, quien al parecer fue vendiendo con posterioridad estas yeguas, siendo muchas de ellas a parar a ganaderos forasteros[98].

En Jerez, en el mes de julio de 1767, se inició también la subasta o venta del ganado perteneciente a la Compañía de Jesús existente en dicho término. El reparto del mismo fue el siguiente: un potro fue adjudicado a don Diego Aranda; dos caballos padres, a don José Villavicencio; un caballo, a Cristóbal Guerrero; y una yegua domada, al marqués de Villapanés, todos ellos vecinos de Jerez. Asimismo, seis yeguas fueron adquiridas por don Mateo Varea, vecino de Grazalema, y una yegua por la marquesa de Miramar. Sin embargo, pronto la referida subasta quedó suspendida debido a una disposición del Consejo de Castilla (refrendada por el rey), que decía lo siguiente:

> Habiendo resuelto S.M., a consultas del Consejo, establecer colonos católicos alemanes y flamencos en Sierra Morena se ha considerado que los ganados, granos, muebles y aperos de labranza de los colegios y casas que fueron de la Compañía en provincias de la Mancha, Extremadura y Andalucía, se puedan tomar bajo inventario y tasación, de cuentas de la Real Hacienda para surtir a los nuevos colonos; en cuyas consecuencias prevengo a V.M. de orden del Consejo Extraordinario suspender su venta, teniéndolo a disposición de Don Pablo de Olavide, Asistente de Sevilla y superintendente

---

98 En el registro de 1772 de Jerez, figuran 3 yeguas con el hierro del bocado (de Arcos), a nombre de don Pedro Vega.

de dichas nuevas poblaciones, cuya instrucciones se comunicarán a V.M. de oficio por estarse imprimiendo sin pérdida de tiempo. Anticipo a V.M. de la misma orden esta noticia para su inteligencia y puntual cumplimiento. Madrid, 10 de julio de 1767. Fdo. Pedro Rodríguez Campomanes.

Por la misma (por dicha disposición) el grueso de las yeguadas de «los jesuitas», fueron a parar a los colonos que se asentaron en las nuevas poblaciones de Sierra Morena.

Lo cierto es que, al parecer el hierro o mejor los hierros, no se vendieron con el ganado, o al menos así parece que sucedió al no hallarse en los registros de ganado de la zona nuevos animales marcados con estos hierros en los años siguientes (a la suspensión de la Orden). Por ello pensamos que los hierros siguieron caminos distintos al del ganado, y que estos fueron adquiridos con posterioridad, bien por venta, por apropiación, u por otros procederes, pero siempre debió resultar su adquisición poco onerosa.

Al menos así lo expresa González de Molina, quien sólo encuentra en el registro de Jerez de 1772 con el hierro del bocado (de Arcos), los tres sementales anteriormente aludidos, y otras tres yeguas a nombre de don Pedro Vega. Luego no vuelve a hallarlo hasta 1781, cuando en el registro de Arcos aparece el hierro a nombre de José Retamales, quien tenía marcadas 6 yeguas y un potro de 4 años "con el del bocado". Doce años más tarde –1793–, el hierro estaba en manos de Juan Díaz Rodríguez, criador de caballos de Arcos, quien hasta entonces había utilizado otro hierro. Este ganadero en 1809 poseía 20 yeguas, 1 caballo padre, tres potros y dos tusones.

Algo similar refiere (González de Molina) para el hierro de Jerez (con la cruz en el desveno), pues también reaparece en el registro en 1803, pero en este caso a nombre de don Fernando de Veas.

Así pues, en 1809 el hierro del bocado era utilizado en Arcos por Juan Díaz Rodríguez, quien en 1819 ya no lo poseía, como se deduce al estudiar el testamento otorgado por él en aquella fecha (29 septiembre 1819). Como resulta que Juan José Zapata Caro, por aquellas fechas marcaba sus caballos con este hierro, se entiende que Juan José se lo pudo haber comprado (tal vez mediante trato verbal) a Juan Díaz entre 1809 y 1819. Por cierto, la familia Zapata –los hermanos Juan José y Pedro– labraban en 1818, en arrendamiento, la finca de la Peñuela perteneciente a la Cartuja de Jerez, así que a buen seguro que sus yeguas pastaron en aquella finca. Este hecho bien pudo ser el origen de la conocida leyenda sobre los «caballos cartujanos y los Zapata».

Luego, de este hierro no se tienen otras noticias documentales hasta 1859, cuando en el libro de hierros se da cuenta que don Juan José Zapata y Bueno –hijo de Juan José Zapata Caro–, traspasa la ganadería y el hierro a don Manuel Romero Huaro (de Jerez). Juan José Zapata hijo, estaba casado con María Josefa Romero de Aragón, a la que traemos aquí porque no queda claro el procedimiento por el que hasta final de siglo figurara don Vicente Romero García como principal propietario de la ganadería de los Zapata, así como del hierro del bocado simple y de otro con una «c» sobre el desveno.

A principio del siglo XX (en 1911), muere don Vicente Romero García, quien estaba casado con doña Josefa Guarro. Esta, según Sanz Parejo (1992), dividió ganadería de su difunto esposo en cuatro lotes, que fueron vendidos a don Vicente Llaguno, de México; a don Vicente M. Romero, de Villanueva de la Serena (Badajoz); a don Gabriel Mateos Díaz, de Jerez de la Frontera, y a su sobrina doña Rosario Romero, Viuda de Domínguez (también de Jerez) a la que según el mismo Sanz Parejo también cede o vende el hierro del bocado.

A partir de esta época, muchos autores se han encargado de seguir el rastro de estos caballos y su hierro, incluso a partir de 1912 se puede determinar la trazabilidad de sus ejemplares en el libro genealógico de la raza *(Libro Genealógico del caballo Pura Raza Española[99])*. En cualquier caso, parece interesante conocer que a partir de 1933 un lote importante de este ganado fue adquirido a los Hnos. Domínguez de Jerez por don Francisco Chica Navarro y en 1939 es don Roberto Osborne quien había adquirido con anterioridad la ganadería de Juan Pedro Domecq (la de la casta «romaní»).

Pues bien, para concluir permitirme reflexionar acerca de todo lo aquí expuesto que tiene que ver con la cabaña equina jerezana en el discurrir de finales del siglo XVIII y en el siglo XIX. Pues, con un hierro u otro, pronto caeremos en la cuenta que estos caballos –estos caballos de Jerez– siempre hallaron el reconocimiento de «los inteligentes» por su calidad.

No debemos olvidar que los caballos de Jerez se criaban bebiendo aguas del río Guadalete, disfrutando de climas benignos, bajo el sol luminoso de aquella tierra, con pastos abundantes y galopando en extensas dehesas, y lo más importante, en su selección siempre intervino un mismo hacedor, que no es otro que el ganadero jerezano. El tiempo ha demostrado que este ganadero, al margen de disfrutar con los buenos ejemplares caballares, está dotado de una sensibilidad y conocimiento especial que le permite acertar con la elección del caballo padre y de la yegua con la que criar.

---

99 Libro genealógico abierto en 1912 donde se inscriben todos los ejemplares de la raza.

Figura 30. Caballo *Bilbaino* (representante del caballo P.R.E. con ascendencia cartujana).

Por tanto, a nadie escapa que el ganadero jerezano, como buen conocedor de la materia que maneja, sepa mezclar con acierto caballos y yeguas, pues no debemos olvidar que supo elegir al caballo Soldado y utilizar a sus descendientes: los «caballos zamoranos»; sentirse orgulloso de las «yeguas cartujanas», así como de otros tantos ejemplares, que por su calidad entraron en la leyenda de su pueblo.

Así pues, no es de extrañar que, al mirar algunos de los ejemplares de Jerez –caballos de Jerez– de ayer y de hoy, que fueron generados por estas simientes, percibamos en su mirada la sustancia de todos aquellos caballos de leyenda producidos en tierras de Jerez.

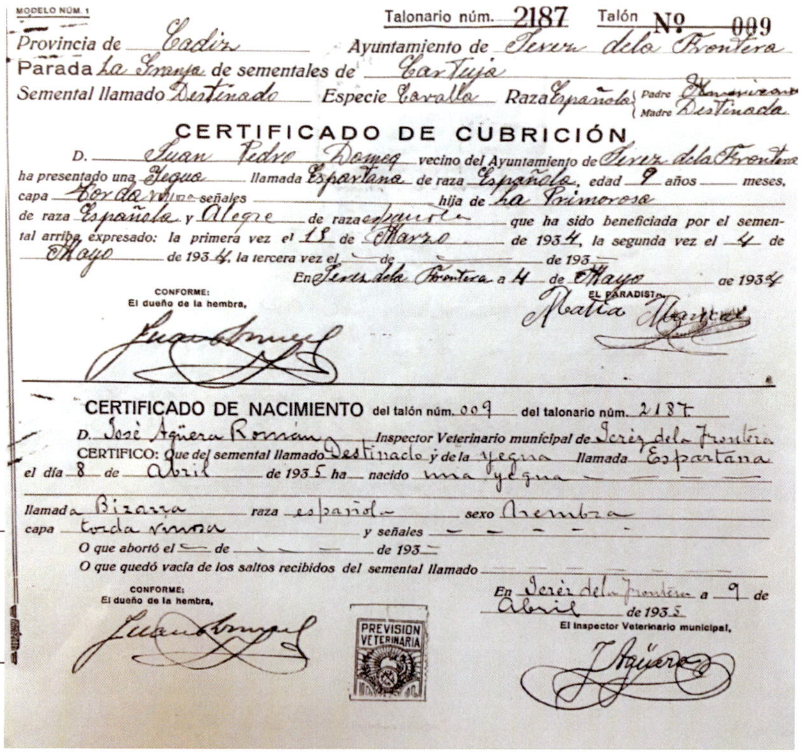

Figura 31. Documento de certificado de nacimiento en la yeguada del bocado (veterinario, José Agüera Román)

Capítulo 5
Jerez y sus ganaderos en el siglo XIX

En plena contienda de la guerra de la independencia, las Cortes de Cádiz, que legislaban bajo el prisma del liberalismo de su tiempo, emitieron un decreto el 31 de marzo de 1812 que decía los siguiente:

> Convencidos de que nada contribuye más a la decadencia y ruina de la agricultura, ganadería e industria en todos sus ramos, que la inoportuna intervención del gobierno en operaciones de interés individual, y que las ordenanzas establecidas para el fomento de la cría de caballos había producido un efecto enteramente contrario, se derogan y anulan en todas sus partes todas las leyes, ordenanzas y demás resoluciones expedidas con respecto a la cría de mulas y caballos, subsistiendo únicamente la prohibición del uso de los garañones asnos en Andalucía, Extremadura y Murcia, a excepción de su huerta, así como se prescribe que donde esté permitido se reserven para la cría de caballos la tercera parte a lo menos de las yeguas de vientre.

Como se deduce de este decreto se propugnaba la libertad individual y de producción, pero se recomendaba también seguir criando caballos, al menos en los territorios de mayor calado.

No obstante, en 1814, tras seis años de guerra, la situación de la cría caballar, como la del país, era catastrófica, pues en medio de los desórdenes y la defensa tumultuaria que hubo de producir una invasión inesperada, todo se conjuró en contra de nuestros caballos. Así, de modo injusto y cruel se creyeron autorizados tanto los mandos de los patriotas como los de los invasores, para

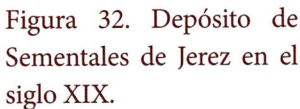

Figura 32. Depósito de Sementales de Jerez en el siglo XIX.

decretar[100] a particulares continuas requisas de caballos, de potros y de yeguas. Y las guerrillas, más destructivas que los propios franceses, hicieron «sacas» de yeguas y caballos de estas dehesas productoras, ocasionando una rapiña continua y casi diaria.

---

100 En 1809 se providenció una requisición que decía: que siendo de la mayor importancia oponer una caballería numerosa que contuviera los esfuerzos de la suya, a la cual debía en gran parte sus ventajas por la inferioridad de la nuestra, y deseando reunir cuantos caballos hubiera útiles para reforzar los ejércitos, toda persona de cualquier estado, calidad o condición que fuera, había de presentar en el preciso término de quince días todos los caballos de montar, de coche, birlocho, calesa o carga que tuviera, como también los potros de cuatro años cumplidos, a los comisionados destinados a recogerlos, exceptuando únicamente los caballos padres, los de menor alzada de dos dedos menos de la marca, y los enfermos e inútiles, así como los potros que no tuvieran la edad arriba dicha, encargando que a los caballos desechados por inutilidad se les pusiera esta marca visible Dº.

Y otro decreto de primeros de octubre, ordenaba que siendo necesario aumentar la fuerza de caballería hasta el número de 30.000 caballos, por ser esta un arma que tanto se necesitaba, se llevara a efecto una requisición del ganado que era preciso para dicho aumento, poniéndose en ejecución en los pueblos los caballos que hubiera desde la edad de los tres años cumplidos en adelante, y de siete cuartas menos tres dedos de alzada, con las demás cualidades necesarias para el servicio de los cuerpos de caballería.

Figura 33. Caballo «Burgueño» perteneciente al Estado. De la ganadería de Hnos. Guerrero de Jerez. Cubriendo en el depósito de Sementales de la Rambla (Córdoba).

Además, en esta época asistimos a la salida de los padres cartujos de la Cartuja de la Indefensión de Jerez y con ello a la dispersión y pérdida de muchos caballos cartujanos. A todos estos males señalados por culpa de la guerra, debemos añadir epidemias y revoluciones, así como los dos años crueles que siguieron de sequía. También incidió sobre la cría caballar el bandolerismo desatado en Andalucía en la postguerra.

Datos estadísticos del ganado caballar, proporcionados por el Censo de Frutos y Manufacturas de 1799

Según el *Censo de frutos y manufacturas de 1799* (Plaza Prieto, 1960), en ese año el ganado equino censado en España era el siguiente:

• Caballar: 139.700 cabezas (precio por unidad: 592,00 reales).

• Mular: 214.100 cabezas (precio por unidad: 1014,74 reales).

• Asnal: 236.000 cabezas (precio por unidad: 248,49 reales).

Ahora bien, estos datos deben tomarse con cautela, ya que presentan importantes desigualdades entre los distintos reinos o provincias detallados en el censo. Se evidencian irregularidades y una notable disparidad en su configuración.

Para nuestro interés

El Reino de Sevilla que comprendía las actuales provincias de Sevilla, Cádiz y Huelva, con una extensión de 752 leguas cuadradas y 746.221 habitantes, su censo equino era el siguiente:

Caballos: 4.310 (potros)

Mulos: 0

Asnos: 5.150 (burros)

En cualquier caso, en 1888, según los datos de la Dirección general de Agricultura, había en España 383.113 cabezas de ganado caballar. Por su parte, el periódico *El Castellano* indicaba que, en 1885, existían 397.372 caballos y 767.929 mulos. Sin embargo, Eusebio Molina Serrano[101] en su obra *Cría caballar y Remonta* (1899) insinúa que estas cifras numéricamente debían ser más elevadas, por lo propenso que era el ganadero de la época a la ocultación de datos.

Los depósitos de sementales (caballos padres)

Otro hecho que resulta de interés es que, desde 1841[102], ha existido en Jerez de la Frontera un Depósito de Sementales de caballos padres (véase fig. 32). El primitivo depósito dependía de Gobernación y fue creado

Figura 34. don Vicente Romero (con unos 50 años) y su caballo Solo.

---

101 Veterinario Militar y director de la gaceta de Medicina veterinaria.

102 Existen referencias que 1834 se constituyeron los primeros depósitos de sementales, aunque por la primera guerra carlista suspendieron su funcionamiento a partir de 1835 hasta 1841.

por orden de la regencia de Espartero. En ese momento se establecieron de forma simultánea[103] los Depósitos de Sementales del Estado de Córdoba, Jaén, Granada, Sevilla, Jerez de la Frontera, Badajoz, Toledo y León, nombrándose director de estos depósitos al también director de la escuela de Equitación, el gaditano Francisco de Laiglesia Darrac.

El Depósito de Jerez –primer depósito de sementales del Estado– de aquella época estaba conformado por tres caballos sementales: uno español y otros dos árabes. El radio de acción de sus servicios eran las 11.000 yeguas de la provincia[104] y tierras cercanas, sobre las que estos podían ser utilizados.

Luego entre 1844 y 1854, visto el éxito de los establecimientos dirigidos por Darrac, además de los existentes, se pusieron en funcionamiento en otros puntos del Estado hasta un total de veinte depósitos. Entonces eran dependientes de Cría Caballar y pertenecían a la Dirección General de Agricultura, Industria y Comercio del Ministerio de Fomento.

Sobre estos depósitos de sementales, el *Boletín Oficial del Ministerio de Fomento* de 1860 señalaba que los caballos utilizados «no han probado bien los cruzamientos con caballos árabes; se cree preferible el uso de los sementales españoles de buenas formas, escogidos en las ganaderías de mayor crédito».

Un hecho trascendente para la Cría Caballar de España, sin duda, se produjo el 6 de noviembre de 1864, cuando un gobierno presidido por el General don Ramón M.ª Narváez, traspasó las competencias de la Cría Caballar al Ramo de la Guerra, perdiendo desde entonces sus naturales competencias la Dirección General de Agricultura del entonces Ministerio de Fomento.

---

103 Según Real Decreto del 28 de marzo de 1841.

104 La provincia como la hemos conocido hasta 1978 (Constitución de 1978) comenzó a funcionar en 1833, tras la abolición del Antiguo Régimen que estructuraba a España en Reinos (medievales) aunque este Antiguo Régimen también consideraba algunas provincias.

Cuando en 1865 se hizo cargo el Arma de Caballería del Ejército de Cría Caballar, funcionaban 35 depósitos situándose el Depósito central en Leganés. Sin embargo, a partir de 1875 la propia Arma de Caballería redujo la presencia en España de sus Depósitos[105] a cuatro: Baeza, Córdoba, Jerez y Valladolid. Estos establecimientos se mantuvieron en el tiempo, aunque con ligeras variaciones. Lo que sí hizo el ejército entonces fue aumentar el número de caballos padres en España, pasando de los 340 existentes a 435.

En España, el censo equino, según el recuento verificado en el año 1865 y editado por la Junta General de Estadística, arrojaba un total de 680.373 cabezas de ganado caballar, 1.025.512 de ganado mular[106] y 1.298.332 de ganado asnal.

En lo que respecta específicamente al ganado caballar, las cinco provincias con mayor número de cabezas en dicha estadística eran las siguientes: Sevilla (45.405), La Coruña (40.075), Cádiz (32.850), Córdoba (27.625) y Valencia (27.338).

Ahora bien, en 1854, el ganado caballar de la provincia de Cádiz[107], según Cotarelo (1861), ascendía a 27.870 cabezas, de las cuales 11.117 eran yeguas, 304 caballos padres, 2.520 potros y 1984 potras. Por su parte, el número de criadores inscritos en la provincia era de 369.

No obstante, los propietarios de lotes con más de 500 yeguas en esta provincia se concentraban en ciudades como Jerez (3.223 ganaderos), Vejer (1.006), Arcos (731) y Medina Sidonia (520).

---

105   Para hacernos una idea como fueron adquiriendo entidad estos establecimientos y en particular el Depósito (de Jerez), se puede argumentar lo siguiente: a principios del siglo XX el Depósito de Jerez de la Frontera (Cádiz), junto a los otros entonces existentes: el de La Rambla (Córdoba), Úbeda (Jaén) y Valladolid, tenían una plantilla de entre 89 y 93 de caballos padres de todas clases de razas, –pura raza española, árabe, inglesa y medias sangres–. Este material biológico, era manejado por una dotación de personal que comprendía un teniente coronel de caballería (jefe del Depósito), un comandante, dos capitanes, seis tenientes de caballería, un médico, dos veterinarios, un profesor de equitación, un comisario de guerra, dos oficiales de administración militar, así como una dotación de personal de tropa de entre 98 y 102 hombres.

106   Se recuerda que a partir de 1836 quedó despenalizado el uso de asno garañón en las yeguas del sur peninsular.

107   La provincia de Cádiz (a partir de 1833), estaba dividida en los siguientes partidos judiciales: Algeciras, Arcos, Chiclana, Grazalema, Jerez de la Frontera, Medina Sidonia, Olvera, Puerto de Santa María, Sanlúcar de Barrameda y San Roque.

Por su utilidad en aquella época y significación, se adjuntan los hierros, según Cotarelo (1861) de los ganaderos de la provincia de Cádiz y lo más trascendente para el tema que se trata, también se adjuntan los de los 65 ganaderos que herraban en el del término de Jerez de la Frontera, adjuntándose también las marcabas de su ganado (véase figuras anexas).

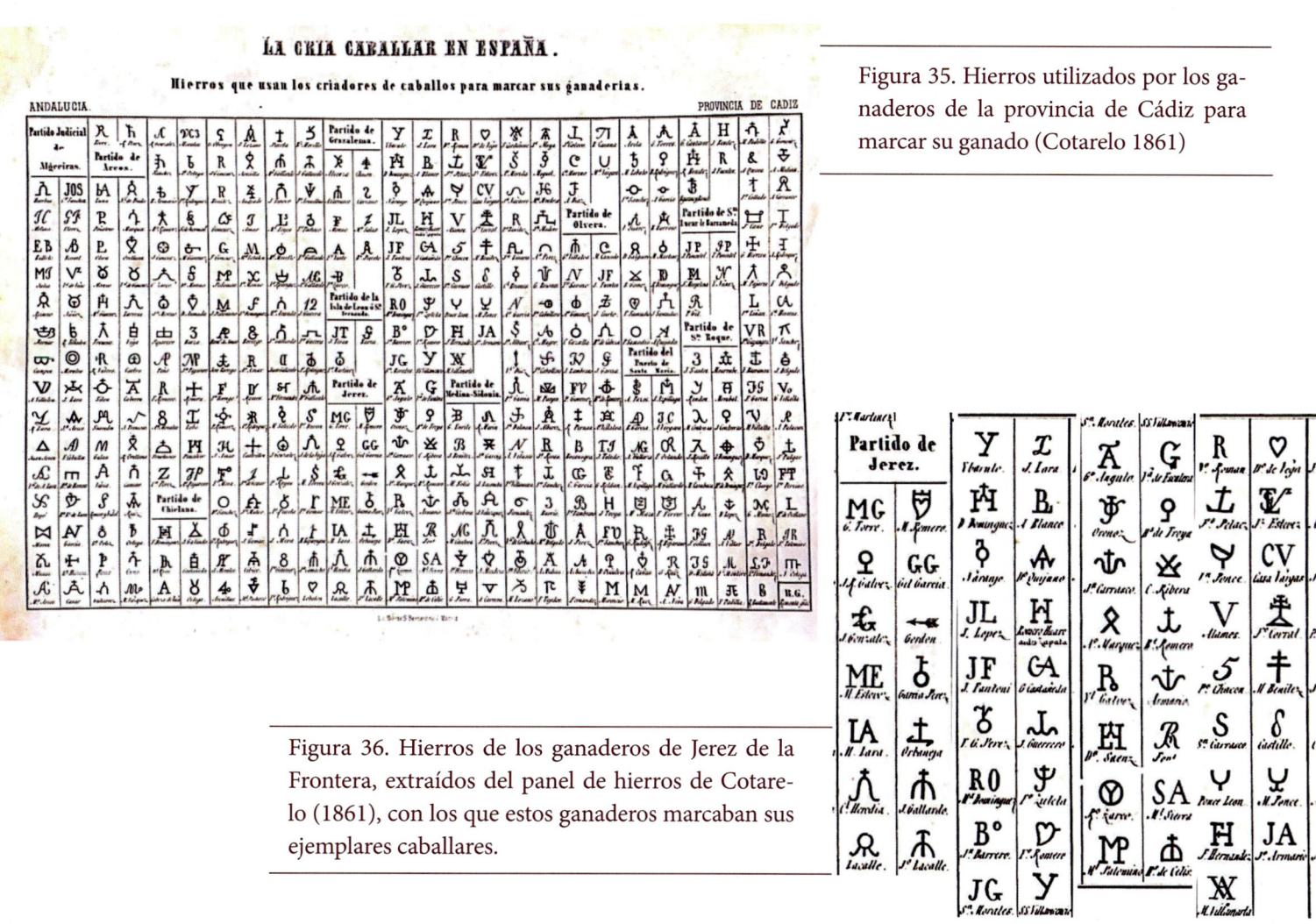

Figura 35. Hierros utilizados por los ganaderos de la provincia de Cádiz para marcar su ganado (Cotarelo 1861)

Figura 36. Hierros de los ganaderos de Jerez de la Frontera, extraídos del panel de hierros de Cotarelo (1861), con los que estos ganaderos marcaban sus ejemplares caballares.

A principios del siglo XIX Jerez tenía alrededor de 35.000 habitantes. Las tropas francesas llegaron a esta ciudad (Jerez) el 4 de febrero de 1810, cometiendo todo tipo de tropelías en templos y viviendas. En abril de 1810 se creó en Jerez una de las 38 prefecturas en que se organizó entonces el territorio español. La Prefectura de Xerez de la Frontera estaba dotada de otras tres subprefecturas. De ese modo Jerez se convierte en la capital de una demarcación que ocupaba toda la actual provincia de Cádiz, la zona sudeste de la de Sevilla y la serranía de Ronda.

Los franceses dejaron Jerez el 26 de agosto de 1812.

El proyecto más importante de Jerez en el siglo XIX, sin duda fue la instalación del ferrocarril: desde la ciudad hasta el Trocadero. Una vez que las grandes firmas bodegueras controlaron las exportaciones de vinos, se hizo imprescindible poder embarcar sus botas de vinos. Para ello en 1829 se solicita y autoriza la construcción de un ferrocarril entre Jerez y «el portal», hecho que, en 1834, por falta de recursos, fue cedido a otro proyecto del norte. Sin embargo, en 1850 se consigue otra nueva autorización, esta vez desde Jerez al Puerto de Santa María, destino que en 1852 por real decreto se alagaría su construcción hasta Cádiz. Las obras del ferrocarril –entre Jerez y el Puerto– se iniciarían ese mismo año (1852) y la inauguración se realizaría con todo tipo de celebraciones el 22 de junio de 1854. Las obras hasta el Trocadero, sin embargo, no se inauguraron hasta octubre de 1856, quedando constituido entonces el Ferrocarril Jerez-Cádiz.

Por otra parte, en 1869 se inauguraron las obras más importantes para el desarrollo y la modernidad de la ciudad, la traída del agua de manera permanente desde el manantial de Tempul. Otro hecho trascendente para la ciudad en este siglo XIX, es que el ayuntamiento derriba las antiguas puertas de la ciudad, a la vez que abre nuevos pasos hacia el exterior. Asimismo, por efecto de las desamortizaciones nacionales se derriban conventos y se construyen nuevas plazas en el interior de la ciudad.

Figura 37. Don Carlos de Borbón, montando al caballo Volador de la ganadería de don Vicente Romero García.

Premios y exposiciones regionales y nacionales exitosas para los caballos jerezanos

A partir de 1850 se iniciaron, en las principales provincias productoras de equinos la celebración de exposiciones y certámenes que galardonaban a los mejores ejemplares que se presentaban. Ello magnificó la bondad de los caballos de muchas ganaderías, especialmente las pertenecientes a los ganaderos jerezanos de la época. Entre ellos, destacaron don Vicente Romero (de Medina Sidonia), y don Luis Gordon, don Fernando García Pérez, don Pedro Guerrero y el Duque de San Lorenzo. Además, para Nicolás de las Casas[108] (1871) una autoridad científica referente de su tiempo, las ganaderías más acreditadas de la provincia de Cádiz estaban en Jerez. Estas eran las de Celis, Zulueta, Naranjo, Oranor y Gordon o sus herederos. En Vejer, don Nicolás menciona las de Castrillón y Tinoro, y en Arcos las de Beas y Zapata.

A la exposición de Sevilla celebrada en 1856, auspiciada por el Duque de Montpensier cuyo principal objetivo era apoyar al caballo andaluz, concurrieron 29 ejemplares de Andalucía resultando premiados, entre otros, los potros *Reportero* y *Peregrino* (ambos tordos) de don José Sánchez, de Arcos de la Frontera.

Mientras que, en el certamen de la Feria de Sevilla de 1878, don Vicente Romero (de Medina Sidonia), triunfó con los caballos *Volador* y *Colegial*, vendidos por 35.000 reales y 24.000 reales, respectivamente.

En Madrid en 1879, destacó el ganado de Jerez de la Frontera presentado por don Luis Gordon, don Fernando García Pérez, don Pedro Guerrero y el del Sr. duque de San lorenzo, así como el de la Viuda de Varela, de Medina Sidonia. Y lo más trascendente, en Madrid en 1879 resultó vencedor del certamen, el jerezano don José Calero con su caballo Bienmirado, un caballo negro de 10 años.

En el concurso celebrado en Sevilla en 1879, con motivo de la Feria de Abril, resultó vencedor el caballo *Inquieto,* propiedad de don Pedro Romero, mientras que el segundo premio fue otorgado a *Mariscal,* de don José Calero. Asimismo, destacaron cuatro potros presentados por don Vicente Romero.

---

108 Catedrático de Zootecnia de la Escuela de Veterinaria de Madrid.

En la segunda mitad del siglo XIX, era bastante habitual exigir a los caballos seleccionables –incluso a los caballos andaluces– cierta prestación en velocidad. De ahí que fuera común que las principales ciudades ganaderas de équidos contaran con un hipódromo, en el que se programaban una o varias temporadas de carreras. Entre los hipódromos más importantes del estado que se detallan en 1878 (Agüera 2018) se citan los de Madrid, Sevilla, Málaga, Granada, Cádiz y Jerez.

La participación de ganaderos jerezanos en la creación de la yeguada de Moratalla. La refundación del caballo andaluz

El 26 de junio de 1893 se publicó una Real Orden por la que se creaba la Yeguada Militar de Moratalla (Agüera 2020). Los objetivos perseguidos eran los siguientes: a) fundar una yeguada destinada a proporcionar productos con los que abastecer los depósitos de sementales del Estado; b) facilitar a los ganaderos sementales seleccionados para la mejora de sus ganaderías; c) ensayar nuevos cruzamientos; d) recuperar el caballo español de pura sangre; y e) obtener un semillero de razas puras.

Para cumplir estos objetivos se asignó la misión a la Remonta de Cría caballar de Córdoba, que utilizaría como explotación la dehesa Moratalla, una finca de dos mil cuatrocientas fanegas[109] ubicada en los términos de Hornachuelos y Posadas. Esta dehesa estaba situada en la vertiente de Sierra Morena, en la margen derecha del río Guadalquivir y atravesada de norte a sur por el río Bembézar.

De las seis secciones creadas para el desarrollo del proyecto, sin duda, la que más trascendencia tuvo, por las consecuencias que generaron a la Cría Caballar del siglo XX, fue la sección conformada por las yeguas andaluzas de pura sangre española. A ella únicamente nos vamos a referir, entre otras razones por haber constituido con ello el nuevo núcleo fundacional del caballo andaluz.

Las 18 yeguas que integraron dicho núcleo fueron vendidas voluntariamente a bajo precio por los ganaderos para ser destinadas a Moratalla, con el fin de conformar el hato del proyecto. Previamente, cada una de ellas había sido seleccionada por una comisión de expertos creada expresamente para tal fin.

---

109 Una fanega mide 6.560 m². En la zona que se describe, 6.121,2 m².

Estas dieciocho yeguas fueron las siguientes[110]:

- *Doraita, Blandesa, Cartera, Pelegrina, Generala, Cordobesa* y *Portuguesa*, pertenecientes a don Francisco Molina (de Córdoba).
- *Ofendida*, de don Francisco Rioboó (de Montilla, Córdoba).
- *Peregrina* y *Presidenta*, de don Gregorio García (de Córdoba).
- *Navarra* y *Naranjilla*[111], pertenecientes a don Pedro Guerrero (de Jerez, Cádiz).
- *Miliciana* y *Princesa* de don Rafael Romero (de Jerez, Cádiz), y *Moraita II*, Marianica, *Morena II* y *Marinera* de la Sra. Viuda de Vicente de los Ríos.

A estas dieciocho yeguas me parece de justicia añadir otras dos: *Manchega* y *Mariposa*[112], pues como hemos podido observar por su registro en el *Libro Genealógico del Caballo de Pura Raza Española* (1912), fueron adquiridas en 1894 a don Nicolás Domínguez (de Jerez) y adicionadas al lote anteriormente existente.

---

110 Primer Centenario de Yeguada Militar (1993).

111 La reseña de esta yegua es la siguiente: *castaña encendida; alzada: 1,58 m; cruz a encuentro: 0,70 m; anchura de pecho: 0,35 m; longitud desde los incisivos hasta la nuca: 0,70 m; de la nuca al nacimiento de la cola: 2,01 m; de la cruz a la cola: 1,11 m; diámetro torácico: 1,81 m; del esternón al casco: 0,84 m. Tiene la cabeza algo descarnada y un poco grande; ojos expresivos y grandes; frente amplia; narices y ollares proporcionados; cuello algo corto y grueso; espaldas anchas y oblicuas; pechos amplios; brazos y antebrazos robustos; radios óseos bien colocados; rodillas amplias; tendones aparentes; cascos acopados y correosos; cruz más bien alta y aparente; dorso recto; costillares arqueados; ancas y caderas desarrolladas, y vientre ancho; grupa amplia y algo descendida; corvejones amplios y algo acodados; aplomos excelentes* (En el artículo se acompaña de una fotografía).

112 Ambas eran de capa torda, y de 1,54 m. de alzada. Estas dos yeguas fueron adquiridas a don Nicolás Domínguez por 1.300 pts. cada una de ellas.

Así pues, el conjunto refundacional verdaderamente estuvo formado por veinte yeguas andaluzas: diez yeguas pertenecientes a ganaderías cordobesas y otras diez yeguas de ganaderos jerezanos. Para más abundancia a estas diez yeguas jerezanas debemos añadir los dos sementales implicados en el proyecto: Burgueño y *Melenas*, originarios de los Hnos. Guerrero también de Jerez, que habían sido adquiridos con anterioridad y ya contaba con ellos la propia Cría Caballar.

Luego, en 1905, se adquirieron para Moratalla otras ocho yeguas[113], de las cuales seis procedían también de Jerez de la Frontera: cinco fueron compradas a los Guerrero (Ramón, Guerrero Hnos. y Manuel) y una a Rafael de Castro. Las otras dos pertenecían a la ganadería de Eduardo Miura, de Sevilla.

Figura 38. *Bilbaino*, caballo perteneciente a don Vicente Romero García.

113　Según consta en el Registro-Matrícula fundacional del *Libro Genealógico del Caballo de Pura Raza Española*, en 1905 la Yeguada Militar adquirió otras ocho yeguas. Estas fueron: *Hormera* (inscrita como Letonia) y *Holgazana* (inscrita como Laponesa), adquiridas a don Manuel Guerrero; Boquillera (inscrita como Lámpara) y *Regidora* (inscrita como Ladina), de don Eduardo Miura (de Sevilla); *Huronera* (inscrita como Lúcida), de Guerrero Hermanos; *Lira*, de don Rafael Castro (de Jerez de la Frontera); y *Limeña* y *Ligera* (inscrita como Lotera), de don Ramón Guerrero. Estas yeguas, junto con las hembras nacidas en la propia explotación y seleccionadas para la producción, conformaron el conjunto de yeguas andaluzas o españolas de Moratalla.

Los dos sementales elegidos para las cubriciones de aquellas yeguas andaluzas, ya se ha mencionado que fueron los caballos *Burgueño* (de Burgueña y Escogido)[114] y *Melena* (de Melena y Algareño)[115] seleccionados entre los que contaba el Ramo de la Guerra como caballos padres en sus depósitos de sementales. Estos habían sido adquiridos por Cría caballar a los hermanos Guerrero de Jerez de la Frontera para sus depósitos de sementales del Estado, los cuales, según Miguel y Martínez Baselga, dieron excelentes resultados, ya que estaban muy bien enrazados y producían descendencia uniforme y bien definida. En palabras de los veterinarios de Miguel y Martínez Baselga (1902):

> Todos los productos de esta sección sacaron el tipo característico (de la raza), sin que hasta la presente se advierta ningún detalle de degeneración en alzada, cualidades, ni aplomos. Como se trata con esta Sección de la reconquista del caballo español, se va llenando el objeto, mandando a los Depósitos los productos obtenidos y dejando en la Yeguada las potras para reparar las yeguas que se inutilicen o se hagan viejas.

A la llegada a Moratalla, a cada una de las yeguas se le abrió reseña morfológica[116]. De estas reseñas se desprenden que once yeguas eran de capa torda, cinco castañas y cuatro de capa negra. Todas presentaban una alzada cercana a los 1,54 m[117]. Además, se elaboró una hoja genealógica individual para cada una, así como para sus respectivas descendencias. Este procedimiento

---

114 *Burgueña* –la madre de Burgueño– era una yegua de Hnos. Guerrero de capa alazana.

115 *Melena: alazán Obscuro; alzada, 1.70m; cruz a encuentro, 0.81m; anchura de pecho, 0.44m; longitud de incisivo a la nuca, 0.76m; de la nuca al nacimiento de la cola, 1,17; diámetro torácico, 1.34, del esternón al casco, 0.86m. Este caballo, de pura sangre española, es de formas elegantes, movimientos airosos; cabeza pequeña y descarnada; cuello algo corto y grueso; cruz alta; dorso graciosamente ensillado; grupa redonda; piernas rectas; rodillas y corvejones ámplios, extremos finos y cascos acopados. Temperamento sanguíneo bien definido.* (En el artículo, se acompaña fotografía).

116 Véase *Primer Centenario de la Yeguada Militar* (1993).

117 De estas tan sólo se apartaban de la norma: *Doraita* (1,52 m), *Ofendida* (1,55 m), *Navarra y Naranjilla* (1,58 m) *y Moraita II y Marianica* (1,66 m).

permitió que todos estos caballos fueran posteriormente registrados como ejemplares fundadores del *Libro Genealógico del Caballo de Pura Raza Española.*

Por cierto, en la reseña del caballo *Melena,* puede observarse como este ejemplar era de capa «alazán obscuro», y el otro caballo padre, *Burgueño,* que era castaño; su madre, *Burgueña,* era una yegua de capa alazana: con lo que ello significa para la descendencia. Dicho de otra forma, entre el núcleo de ejemplares refundacional, además de las capas tordas, castañas y negras de las yeguas, existía la de uno de los dos caballos padres de capa alazana, así como la madre del otro semental que también era alazana.

Figura 39. *Solo,* caballo de pura raza española con 6 años de edad.

Esto viene al caso por el hecho que en la Orden del 26 de diciembre de 1978 por la que se aprueba el Reglamento del Registro-Matrícula de Caballos y Yeguas de Pura Raza, el Comité director del Libro Genealógico de la Raza, prohibía inscribir ejemplares filiados mediante grupos sanguíneos compatibles, nacidos de padres y madres inscritos con las capas «alazana» y «pía». El «libro», estaba bajo el gobierno del Arma de Caballería (en 2004 fue trasferido a la ANCCE), quién según su criterio, aunque con la segura aquiescencia de algún veterinario relevante[118] (pero al parecer con pocos conocimientos genéticos), «la presencia de capa alazana era signo de

---

118 Antonio Sánchez Belda, Veterinario del Cuerpo Nacional Veterinario.

impureza, según ellos debido a alguna ascendencia árabe», o como decían algunos de aquellos iluminados «porque miraban para La Meca».

Pues bien, aunque durante las décadas 1980 y 1990, desde la Facultad de Veterinaria de Córdoba algunos profesores especialmente por parte del Prof. Rodero) advirtieron al comité de lo inadecuado de este proceder[119], no fue hasta la publicación de la Orden de 23 de diciembre de 2002 (Orden APA/3319/2002), coincidiendo con la entrada en vigor de unas nuevas normas zootécnicas del Caballo de Pura Raza Española, cuando se corrigió aquella normativa inquisitoria. De este modo se aprobaba (de nuevo)[120] la inclusión de todos los ejemplares nacidos de padre y madre P.R.E. inscritos y de filiación constatada[121]. Es decir, de padre y madre de raza española constatados, tuvieran la capa que tuvieran, se podían inscribir en el libro de la raza y entre ellos también a los potros de capas alazana o pía.

Figura 40. Caballo Capitán.

---

119 Para entonces, era la filiación filial obligatoria mediante compatibilidad de grupos sanguíneos entre padres e hijos.

120 Así pues, desde 1978 a 2002, a pesar de la obligatoriedad de filiación paterna compatible, no se podían inscribir ejemplares nacidos con las capas alazana y pía.

121 Para entonces la filiación se determinaba mediante ADN.

Anda que, si en su momento llegamos a saber que *Melena* era de capa alazana, o que la madre de *Burgueño* también lo era, y más aún, si hubiéramos conocido que veinte de los ciento cincuenta sementales inscritos en el *Libro Genealógico Fundacional de la raza* en 1912 –es decir, el 14% de los caballos padres registrados– presentaban también capa alazana, con una sola de estas noticias, nuestras reclamaciones –aunque igualmente desatendidas, como en efecto ocurrió– habrían sido con toda seguridad mucho más vehementes. Incluso habríamos tenido argumentos suficientes para cuestionar públicamente al comité director por haber adoptado una medida tan insólita.

No obstante, en la década de los noventa del siglo pasado, esta penosa normativa estaba tan desacreditada y desvirtuado el fundamento científico de aquella disposición, que hasta vimos por aquellos años, a modo de provocación, pasear una «cuarta de caballos españoles alazanos» propiedad de Osborne por el paseo de la Feria de Jerez.

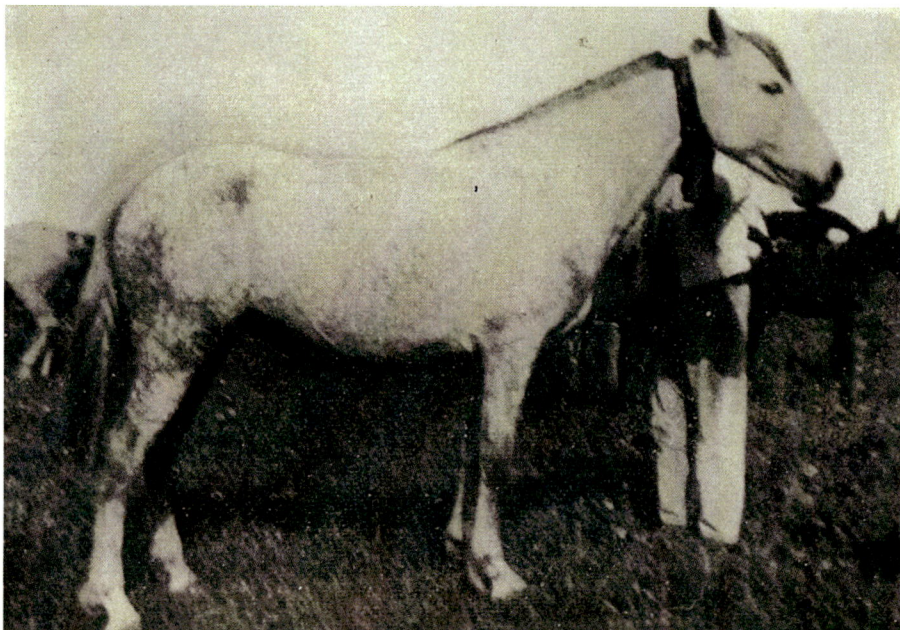

Figura 41. Yegua pura raza española perteneciente a don José Domínguez Romero.

Y bien, siempre hemos dado relevancia a Felipe II y a su primer caballerizo de Córdoba, don Diego López de Haro y Guzmán, en la creación de nuestro caballo, el caballo andaluz. Y hemos validado cómo don Diego había estado trabajando más de treinta años (1567-1598) en las Caballerizas Reales de Córdoba (inmueble y dehesas cordobesas o mejor con caballos padres y yeguas andaluzas seleccionados) en post de lograr un caballo mejor. Para ello, por orden del rey prudente, su caballerizo, utilizando un elevado número de yeguas, pero elegidas todas ellas bajo el criterio de una misma persona –don Diego– y el uso continuado de unos sementales seleccionados (por él), mediante prácticas zootécnicas avanzadas –utilizando altas tasas de consanguinidad– para la época, culminó su obra, con la creación del caballo andaluz. Aquel prototipo de caballo, el de Córdoba, luego fue para los ganaderos andaluces el modelo donde ilustrarse y al que acudir como prototipo de "excelencia" en la selección de sus caballos, preservando de este modo el prototipo racial del caballo creado en Córdoba durante más de tres siglos.

Pues bien, del mismo modo que tuvo trascendencia aquel hecho producido en Córdoba en el siglo XVI, adquiere relevancia lo acontecido a finales del XIX, también en Córdoba, en Moratalla. Es más, diría que la labor desarrollada en Moratalla por Cría Caballar bajo el gobierno del Arma de Caballería y la colaboración facultativa de sus veterinarios militares, también resultó de enorme trascendencia para el devenir del caballo español. Pues en Moratalla, como si se repitiera la jugada, se partió de un grupo determinado, tras la selección de las mejores yeguas existentes de aquella raza en Andalucía (concretamente las 20 yeguas elegidas en ganaderías cordobesas y jerezanas) y dos caballos padres también andaluces (de procedencia jerezana), seleccionados de los propios depósitos procedentes de Hnos. Guerrero. Con ellos se configuró otro núcleo fundacional en gran medida continuista con el generado en el siglo XVI, así de nuevo en el crisol de la dehesa cordobesa, se constituyó –el núcleo refundacional del caballo Pura Raza Española en Moratalla–, que resultó trascendente en el porvenir del actual caballo andaluz (caballo español).

Con este nuevo conjunto, se parte nuevamente para ir en pos de la pureza del caballo andaluz, en palabras los veterinarios de Miguel y Martínez Baselga, para la «reconquista del caballo español». A este núcleo refundacional y a sus hijos se les abrió carta genealógica constitutiva del primer escrutinio de *stud-book* de la raza, que en 1912 se convirtió en el Libro Genealógico[122] de la Raza del Caballo Pura Raza Español.

---

122 Abierto por el organismo de Cría Caballar en 1912.

En cuanto a los primeros caballos valorados para su inclusión en el libro matrícula del caballo pura raza española, caben destacar a los caballos sementales jerezanos siguientes:

- *Gallardo*: (castaño de 1,60 m) de don Manuel Guerrero, valorado en 1910 en 8.000 pts.
- *Pastor*: (tordo de 1,64 m.) de don Vicente Romero García, valorado en 6.500 pts.
- *Espartino*: (castaño de 1,64 m.) de Marqués Casa Domecq, valorado en 6.000 pts.
- *Emboscado*: (castaño de 1,60 m) de don Vicente Romero García, valorado en 4.000 pts.
- *Carpintero*: (negro de 1,58 m.) de don Vicente Romero García, valorado en 4.000 pts.
- *Presidente*: (castaño de 1,64 m.) de don Vicente Romero García, valorado en 3.500 pts.

Con posterioridad en el libro genealógico de la raza, se incluyeron otras yeguas y sementales de las ganaderías más celebradas de la época, pertenecientes a don José M.ª Romero, don Nicolás Domínguez, don Rafael de Castro, don Eduardo Miura, Srs. Bohorquez hermanos, don José Luis de la Escalera, don Francisco Chica y don Vicente Romero García (tomado del centenario de la creación de la Yeguada militar, 1993).

Figura 42. Yegua de don José Domínguez Romero.

Figura 43. *Zurito*, caballo de pura raza española perteneciente a don José Domínguez Romero.

A todos sus ejemplares se les exigió para su inclusión pasar reconocimiento previo con el modelo prefijado –prototipo racial– de los existentes en Moratalla, y aunque luego en el devenir de la raza tuvieron trascendencia otros ejemplares, preferentemente procedentes del hierro del bocado, el ganadero convencional mejoró sus ganaderías con ejemplares (caballos y yeguas) de Yeguada Militar.

Luego, ganaderos, funcionarios de este organismo y aficionados, siguieron inscribiendo los ejemplares y respetando los dictados emanados por el órgano director de este libro genealógico en manos de Cría Caballar dirigido por el Arma de Caballería del ejército, y a partir del siglo XXI bajo el control de la ANCCE, por lo que el libro se ha convertido en el conductor de la preservación del prototipo de la raza del caballo Pura Raza Española.

En resumen, el caballo español (caballo andaluz) de la época era hermoso y gallardo y el más resistente y valiente de los existentes. Un caballo equilibrado de alzada propia de 3 a 5 dedos (y siete cuartas[123]) de buen desarrollo muscular, conformación angulosa, espaldas oblicuas, cruz

---

123 Las siete cuartas era 1,46 m. de alzada, y con los cinco dedos se alcanzaba los 1,52 m. de alzada.

destacada, articulaciones salientes, con buena dirección de sus huesos y piernas bien caídas. A admirar su estructura, movimientos, gallardía y nobleza, y que puede ser el primero en resistencia, sufrimiento y sobriedad. Este caballo, presta buenos servicios, aunque con preferencia en la silla.

Capítulo 6
El siglo XX, la Edad de Oro de Jerez respecto a la relación de la ciudad con el caballo

En España en el siglo XX, al menos durante algo más de la primera mitad del siglo, el mundo del caballo se desarrolló bajo la hegemonía y el gobierno de los militares. El Arma de Caballería del Ejército era la encargada de dirigir los destinos del caballo, y prácticamente nada de su entorno quedaba fuera a su poder y control. Los militares dirigían los Depósitos de Sementales, mantenían las Yeguadas Militares, la Recría y Doma, controlaban el Libro Genealógico de P.R.E. (que había sido fundado en 1912 bajo iniciativa propia) y lo más importante, regulaban el mercado del caballo mediante la famosa «comisión de compra», pues en aquel tiempo, tras el desarrollo habido en el mundo occidental de la automoción, el ejército era el principal y casi único comprador de caballos.

Por todo ello no es de extrañar que la cría caballar nacional, es decir los criadores de caballos, siguieran los gustos y dictados de este estamento militar –el Arma de Caballería del Ejército–. Por este motivo en España se procuraba criar al gusto de los militares. Auspiciados por este estamento, durante esta época se fomentaron los cruces de los caballos del país con el caballo P.S.I., y asimismo abundaban la existencia de caballos de razas de dos y tres sangres, ejemplares que como ha sido apuntado eran los preferidos por el estamento militar. Solamente algunos ganaderos mantenían en su punto de mira el caballo que habían visto crecer en sus casas, los que su padres y ascendientes directos consideraban como los mejores y que tenían mucho que ver con el caballo andaluz (luego español). Estos ganaderos son los que mantuvieron sus yeguas en pureza, tal como ellos creían y consideraban.

No obstante, el principal enemigo del caballo desde principio del siglo XX no era otro que el caballo de vapor, el cual, día a día hacía mermar el uso del caballo animal hasta su casi total sustitución y la casi desaparición de este. Pues la utilización del caballo de vapor en el trasporte, el trabajo e incluso en la guerra, eran cada vez más frecuentes y por el contrario cada vez más escasa la utilización del caballo de sangre (animal), quedando reducido este, a su uso en el deporte.

Respecto a Jerez de la Frontera, en este siglo –siglo XX– se hizo merecedora desde el principio de ser considerada la verdadera capital del caballo. Esto fue gracias a la labor de sus ganaderos en el siglo XIX, a la implicación de sus lideres sociales locales y a las actividades ecuestres desplegadas en la ciudad. Sus iniciativas para el engrandecimiento de nuestra especie equina resultaron, por ello, hegemónicas, predominando sobre otras propuestas que se programaban a nivel nacional.

Y bien, empecemos a enumerar estos méritos por el principio, es decir el final del siglo XIX. En 1885 el Ministerio de la Guerra había ordenado la publicación en España de los hierros ganaderos. De los 1.270 ganaderos acreditados, 153 pertenecían a la provincia de Cádiz. De estos, al inicio del siglo, Molina (1899) designaba en la provincia de Cádiz como ganaderías más acreditadas en Jerez de la Frontera las de don Vicente Romero, Hermanos Romero, Guerreros Hermanos, don Rafael García Gil y la de la Viuda de Orbaneja; en Alcalá las de los Gazules y la de don Francisco Puelles; en Medina Sidonia las de don Joaquín Enrile, don Vicente Cervera, doña M.ª de Paz Herrera y la de los herederos de Baltasar Hidalgo; en San Fernando la de don José Lagaza; en Vejer la del marqués de Tamarón y en Conil la de doña Isabel Borrego.

En cuanto al órgano director, en el organigrama general de la Cría caballar en el Ramo de la Guerra, los ganados de Jerez estaban encuadrados en la segunda zona pecuaria (con sede en Sevilla), contando Jerez con los establecimientos de un Depósito de Sementales, un Depósito de Recría y Doma y su Yeguada militar.

Figura 44. *Burgués* de pura raza española propiedad del marqués de Casa Domecq

Otra prueba contundente de la hegemonía de Jerez en el ámbito ecuestre radica en el éxito de sus ganaderos y la excelencia de sus caballos. Fueron precisamente ellos, los ganaderos y caballos jerezanos, quienes destacaron y se alzaron con premios por encima de otros participantes en los prestigiosos Concursos Nacionales de Ganados celebrados en Madrid. Estos eventos, organizados por la Asociación General de Ganaderos, tuvieron lugar en 1907, 1909 y 1913, consolidando la reputación jerezana en la capital.

Así, por ejemplo, en el Concurso celebrado en Madrid en el mes de mayo de 1913, el segundo premio para los sementales de raza andaluza fue otorgado al caballo *León* de don Fernando y don Rafael Osborne de Jerez de la Frontera; también fueron premiados con medalla de oro los caballos *Jabato*, *Jabaíto* y *Quintero* de los Sres. Bohórquez Hnos. Respecto a las yeguas, el primer premio correspondió a *Relatora* de don Manuel Guerrero, así como las yeguas llamadas *Florista* y *Hortera* de don Manuel Guerrero Castro, de Jerez de la Frontera, e igualmente resultaron premiados lotes de potros y potrancas de este ganadero jerezano (don Manuel Guerrero[124]). Además, en este certamen nacional destacaron otros ganaderos de Jerez por sus caballos premiados de raza árabe, inglesa y de raza anglo-árabe.

A esta destacada participación de los jerezanos en los concursos nacionales de principio de siglo, debemos añadir la ya comentada presencia especial de los caballos en «Moratalla, 1993», pues como previamente ha sido comentado en el capítulo anterior, allí se realizó un hito superlativo en el quehacer nacional del mundo del caballo, especialmente en lo que se refiere a la reconquista del caballo andaluz. Así su núcleo refundacional estuvo constituido por 20 yeguas y dos sementales, de ellos, diez yeguas pertenecían a los ganaderos cordobeses Fco. Molina, Fco. Rioboó y Gregorio García y otras diez a los ganaderos jerezanos Pedro Guerrero, Rafael Romero, Viuda Vicente de los Ríos y Nicolás Domínguez. Para más abundancia, los sementales *Burgueño* y *Melena* que conformaron el conjunto de partida, eran procedentes de la ganadería de los Hnos. Guerrero (también de Jerez de la Frontera).

Por otra parte, también cabe destacar los ejemplares de los ganaderos jerezanos que conformaron inicialmente el *Libro fundacional genealógico del caballo español* (1912). Así, en cuanto a los primeros caballos valorados para su inclusión en el *Libro matrícula del caballo de pura raza española*, es importante señalar a los siguientes sementales jerezanos: *Gallardo* (castaño, 1,60 m), de don Manuel Guerrero, valorado en 8.000 pts.; *Espartino* (castaño, 1,64 m), del marqués de Casa Domecq, valorado en 6.000 pts.; y los siguientes caballos propiedad de don Vicente Romero García: *Pastor* (tordo, 1,64 m), valorado en 6.500 pts.; *Emboscado* (castaño, 1,60 m),

124 Véase en apartado anexo la extensa historia hípica de esta ganadería.

valorado en 4.000 pts.; *Carpintero* (negro, 1,58 m), valorado en 4.000 pts., y *Presidente* (castaño, 1,64 m), valorado en 3.500 pts.

Aun siendo estos hechos importantes, los principales acontecimientos y actividades que, en mi opinión hicieron de Jerez durante este siglo XX el principal foco ecuestre de España y catapultaron a la ciudad a erigirse como la época dorada del caballo en Jerez de la Frontera, entre otros, son las siguientes:

I. La ubicación en Jerez de los caballos de raza árabe (procedentes de Moratalla) y la llegada en 1920 a esta ciudad de la yeguada militar.

En 1902 se inició por parte de la Dirección de Cría Caballar y Remonta la adquisición en el sur de Rusia de un lote importante de yeguas árabes selectas (*Kadranka, Dam* y otras) y algunos sementales que luego en España se convertirían en caballos emblemáticos *(Wan-Dick, Ursus* y otros). Además, en mayo de 1905 para completar la sección (de árabes) y que esta gozara de la máxima calidad racial, se organizó una comisión de adquisición por Oriente. Esta (comisión) estaba constituida por el comandante de Quinto, el también comandante de caballería Azpeitia, el oficial de administración militar Fernández y el veterinario Viedman (véase Azpeitia de Moros, 1915).

Figura 45. Semental árabe de Yeguada Militar de Jerez.

Dicha comisión de compra, tras recorrer territorios de Turquía, Siria, Mesopotamia y Palestina, adquirió diez caballos y trece yeguas de entre 3 y 9 años. Estos 23 animales, fueron trasladados en barco a España en los primeros días de noviembre de aquel año (1905). La mayoría de los caballos adquiridos en Oriente fueron destinados como caballos padres a los depósitos de sementales existentes.

Por su parte, las 49 yeguas adquiridas entre 1902 y 1912 conformaron, junto a los caballos *Wan-Dick, Ursus* y *Seanderich*, la Sección de pura raza árabe de la Yeguada Militar de Córdoba (situada en Moratalla). Estas yeguas procedían de diversos lugares: 16 de Siria, 3 de Turquía, 27 del sur de Rusia, 2 de Egipto y 1 de Beirut.

Ahora bien, por razones operativas, en 1912 la Sección de caballos árabes fue trasladada desde Moratalla (Córdoba) a tierras de Jerez. No obstante, no fue hasta 1920 cuando por real orden (15 de julio de 1920) se creó oficialmente en Jerez de la Frontera la Yeguada Militar. Para alojar la Sección de caballos árabes procedentes de otros destinos nacionales (principalmente de Moratalla) se eligió en Jerez la dehesa Zarandilla colindante al río Guadalete.

Estos ejemplares árabes, junto con otros obtenidos en dicha yeguada, fueron valorados con el tiempo por su extraordinaria perfección y belleza. Con ellos se constituyó el caballo árabe español, afamado por la sociedad hípica –y yo diría que internacional–, también conocido como caballo árabe de Yeguada Militar. De este modo, durante los años veinte se fue incrementando y afamando la Yeguada Militar de Jerez[125].

En esta línea argumental, en 1929, don Bernabé Rico[126] escribió que el mejor plantel de caballos árabes se encontraba en España. Por su parte, De las Cuevas (1955), refiere que, además de los caballos de don Pedro, marqués de Domecq, existían maravillosos árabes en las ganaderías del marqués de Negrón, marqués de Villamarta, conde de Puerto Hermosos y desde luego en la Yeguada Militar de Jerez.

---

125 Aunque también hubo épocas menos afortunadas para esta yeguada, como a principios de la década de los treinta asistimos al desastre ocurrido con algunos de estos caballos (especialmente de raza P.S.I.) en la finca de Malcocinado cercana a Medina Sidonia. Sin embargo, una vez trasladada la yeguada al Recreo de San Benito, quedaron subsanados muchos de los problemas hasta entonces acontecidos.

126 Autoridad ecuestre local. Secretario del Jockey club de Jerez de la Frontera.

Figura 46. Portada de un ejemplar de la revista ilustrada sobre ganadería, agricultura, avicultura, cunicultura, apicultura y demás industrias pecuarias, editadas durante la II República en España.

En cualquier caso, en septiembre de 1956 se trasladó definitivamente la yeguada desde la dehesa de Moratalla (Córdoba) al cortijo Vicos de Jerez de la Frontera, quedando el Recreo de San Benito (también de Jerez) como Centro de Entrenamiento y Selección de Reproductores.

El Cortijo Vicos, donde actualmente se mantiene la yeguada militar, está situado en la carretera de Jerez a Arcos (N-324) a la altura del km 18. Vicos es una finca de secano que tiene una extensión de 1.042 ha. En 1964 tras la disolución del Depósito de Remonta de Jerez, el Cortijo Garrapilos también pasó a pertenecer a la Yeguada, dedicándose esta finca desde entonces a la recría de potros selectos y a su aprovechamiento agrícola.

II. *La participación exitosa de los caballos de jerez en la gran exposición Iberoamericana de 1929 y las actividades del Jockey Club de Jerez.*

Coincidiendo con la exposición Iberoamericana de Sevilla, el Jockey Club[127], que había organizado con anterioridad con mucho éxito siete ediciones de carreras (de caballos), asumió como suya la magna exposición del año 1929. Como nombres propios de aquel acontecimiento destacan, sobre muchos, el inteligentísimo marqués de Negrón, el marqués de Domecq y don Pedro Guerrero Lozano.

---

127 Fundación. En 1870 entusiastas ganaderos jerezanos como Garvey, González Soto, Davies, Bertemati y González Hontoria y otros, crearon el Jockey Club de Jerez, con el objetivo de recriar potros, domarlos, para más adelante según su calidad (en aquella época las carreras era el método más utilizado de testaje de su valía) destinarlos a sementales y mejorar la cabaña jerezana.

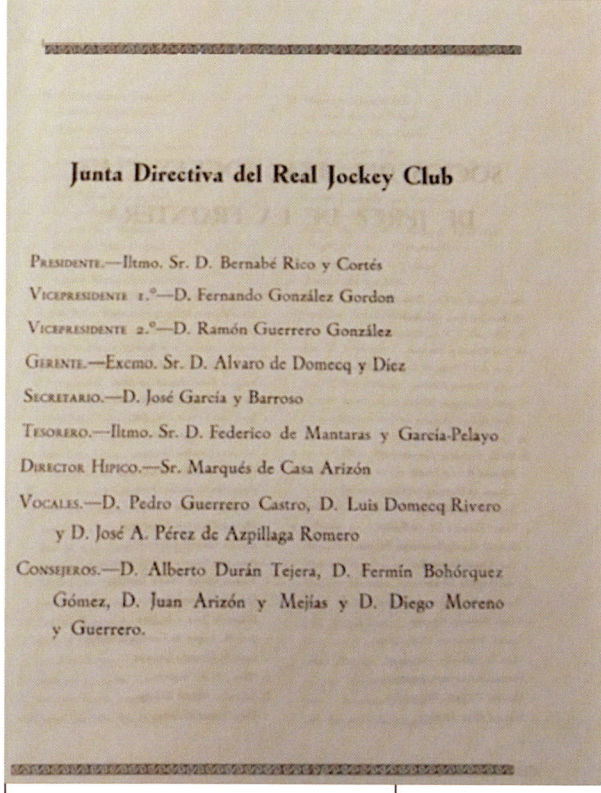

Figura 47. Relación nominal de junta directiva del Jockey Club de Jerez.

Figura 48. Imagen de don Juan Pedro Domecq, junto al caballo Airoso de su propiedad.

Dado el éxito obtenido por el Jockey Club de Jerez en la gran exposición Iberoamericana de 1929, la directiva de esta entidad se lanzó a organizar para 1931 un gran certamen de Concurso-Venta de sementales.

Ahora bien, seguramente a muchos no le ha pasado desapercibido la trascendencia de la programación de aquel certamen Concurso-Venta de sementales que debía celebrarse en la primavera del año 1931 y que estaba programado en el Jockey Club de Jerez de la Frontera para los días del 28 de abril al 11 de mayo de 1931.

A la vista del programa de 75 páginas (exquisitamente editado) para aquel evento, por las personalidades locales y nacionales que intervenían y los objetivos que se pretendían, resulta suficiente para aventurar que se trataba de la programación de una actividad extraordinariamente importante para Jerez y para el mundo del caballo nacional. Como se ha apuntado, este evento seguramente fue programado al rescoldo del éxito obtenido por el Jockey Club en la Exposición Iberoamericana de 1929, donde Jerez y las exposiciones de caballos obtuvieron un clamoroso reconocimiento social a nivel nacional e internacional.

Para demostrar la trascendencia del evento programado, basta nominar al comité permanente de aquellas Exposiciones y Concursos-Ventas. Así la organización estaba basada en los siguientes ganaderos de la Junta Provincial de Cádiz: don Manuel Guerrero Lozano (presidente); Sr. marqués de Negrón y de Pardo de Figueroa (vicepresidente), don Rafael Romero Benítez (tesorero), don Bernabé Rico Cortés (secretario), y como vocales don Francisco M. Terán, don Jaime Barroso, don Enrique Carballo Díaz, Sr. marqués de Domecq, don Ramón de Mora Figueroa Ferrer y don José García Barroso.

La celebración del evento se auspiciaba suntuoso y revestido de gran importancia para la ciudad y el caballo. Baste decir que lo respaldaban los 197 socios existentes en el Jockey Club de Jerez de la época, donde figuraban no solo los principales aficionados y ganaderos jerezanos, sino también los más selectos ganaderos de otras provincias, especialmente los originarios de Extremadura y otras partes de Andalucía.

Para el evento, los jurados eran destacadas personalidades nacionales. Al certamen se presentaban a la venta al menos 20 sementales, ofrecidos con sus correspondientes genealogías y fotografías. Los actos de la celebración se acompañaban de otras actividades ecuestres y culturales de gran nivel.

Figura 49. Don José Domínguez Romero y su caballo *Zurito* de raza andaluza.

Figura 50. Ganadero, caballo y jinete en Jockey club de Jerez (véase texto en imagen).

El evento, a pesar de su ambiciosa preparación, fue obviamente suspendido tras la proclamación de la II República española en el país el 14 de abril de 1931, y muy especialmente por el abandono del país del rey Alfonso XIII.

A todas luces resultaba lógica aquella suspensión pues muchos de los pertenecientes al grupo organizador eran aristócratas, por lo que desistieron de llevar adelante un proyecto de aquella envergadura, ante aquel inesperado cambio de régimen.

Sin embargo, esta suspensión, a buen seguro quedó en la conciencia de los organizadores y ciudadanos jerezanos, quienes, al margen de avatares políticos, lo consideraban como un evento prospectivo para el mundo del caballo y para la propia ciudad. De ahí que pasada la República y terminada la Guerra Civil Española, a poco que se normalizó la situación civil, se acometiera de nuevo aquel gran proyecto.

En cualquier caso, si analizamos con perspectivas el acontecimiento, nos parece, que esta organización pudiera muy bien ser reconocida como el precursor sobre lo que luego más tarde en 1954, el entonces alcalde de Jerez don Álvaro Domecq y Díez configuró la Semana del Caballo de Jerez, y más tarde en 1967 otros jerezanos terminaron por denominar a su feria, como la Feria del Caballo de Jerez.

Figura 51. Caballo de tres sangres dispuesto para participar en una carrera.

III. *Álvaro Domecq Díez, alcalde de Jerez, organiza en 1954 la semana del caballo de Jerez de la Frontera.*

Pues bien, para resaltar la importancia del caballo en la ciudad de Jerez, su alcalde, Álvaro Domecq y Díez, con la colaboración de Ramón Guerrero González, el Jockey Club de Jerez y otros jerezanos, organizaron en el mes de mayo de 1954 la Semana del Caballo.

La mayor parte de lo que conocemos de aquel gran evento de 1954 se lo debemos a la *Crónica de la Semana del Caballo*, publicada en 1955 por el Real Jockey Club de Jerez de la Frontera. Se trata de un libro impreso, con 241 páginas en papel vitela y editado por Jerez Gráfico, del que solo se publicaron 50 ejemplares numerados.

Ahora bien, por las crónicas de aquella monografía este al que se refiere, debió de ser un evento apoteósico. El prólogo de su libro resumen sobre las actividades de aquella semana ecuestre fue escrito por Álvaro Domecq y Díez, como ha sido dicho en aquella época alcalde de Jerez, y sin duda uno de los máximos protagonistas de la celebración de aquella trascendente actividad.

Y bien, el alcalde, además de ser uno de los principales protagonistas engrandeció el acontecimiento con el uso de la bandera del caballo, o sea la bandera de la elegancia. Él mismo señaló como principal logro la inquietud generada en la ciudad, en plena época del maquinismo, sobre lo que este noble bruto ofrece y ha ofrecido a la ciudad de Jerez, a su historia, su arte y su tradición eterna. Tras el festejo (cuya celebración duró casi quince días, del 3 al 16 de mayo) debieron existir por parte de la sociedad jerezana, algunas críticas que trataban de empañar el esfuerzo, pues el alcalde salió al paso contra los que él define como aguafiestas malintencionados, por su comentario sobre quienes consideraban que aquel derroche tenía la intención de continuar por parte de la aristocracia y burguesía locales con un negocio bueno y rentable. A este respecto señalaba que «nunca ha sido negocio criar caballos». En este prólogo don Álvaro Domecq proclama que el caballo español es una tradición que España no puede perder, a pesar del progreso de la automoción en el siglo XX.

Sobre el certamen, la monografía refiere que en la exposición del concurso de ganado equino se presentaron, en distintas modalidades, un total de 379 ejemplares. Todos ellos catalogados con datos aportados por los propios expositores. Estos eran acompañados con las correspondientes fotografías de los sementales. Muchas de estas imágenes catalogadas figuran publicadas en el libro resumen que nos ha servido de guía y soporte.

Durante la celebración del evento, se organizaron actividades ecuestres tales como partidos de polo, concursos hípicos, carreras de caballos y exposiciones de ganado equino. Al margen, claro está de la visita al Jockey Club de la Escuela de Equitación de Viena (presidida por coronel Alois Podhajsky) y la exhibición el día 12 de mayo de esta Escuela en la plaza de toros, en honor de Jerez y los propios jerezanos.

En el referido libro, figuran las reseñas y fotografías de los ejemplares que obtuvieron los títulos de campeones en dicho Concurso-Exposición de Jerez, 1954. De ellos en lugar destacado se halla el caballo *Descarado II*, semental español de 5 años propiedad de doña Isabel Merello y Viuda de Terry del Puerto de Santa María, que obtuvo la copa de oro (de S.E. Jefe del Estado). Asimismo figuran en un lugar relevante la yegua española *Estudiosa* de don Rafael Romero Benítez, de Jerez de la Frontera; el semental árabe *Aman* de don José M.ª Ibarra y Gómez Rull, de Sevilla; la yeguas árabe *Zeinab* de don Antonio Egea Delgado, de Olivenza; los angloárabes *Rodeo*, de don F. Javier Terry y del Cuvillo y *Encomienda* de la yeguada Azpillaga; el P.S.I. *Magacién II* de don Álvaro Domecq y Diez; los hispanoárabes *Notable* y *Furia*, de don Gabriel Mateos Romero y del Excmo. Sr. Marqués de Domecq, respectivamente, así como los anglo-hispano-árabes *Vándalo* de Hnos. Guerrero y *Espléndida* de Álvaro Domecq, al igual que otros ejemplares pertenecientes a otros grupos que también fueron premiados.

Todas estas actividades hípicas estuvieron aderezadas con conferencias pronunciadas por lo más selecto grupo científico del sector de la época, tales como las de «El caballo Anglo-Hispano», pronunciada por el marqués de Casa Arizón; «El Pura Sangre inglés en España», por José M.ª Cabanillas; «La yeguada Militar de Jerez» de Francisco Quesada; «Los caballos cartujanos», por

Figura 52. Portada del programa de la Semana de Jerez de 1954 editada por jerez gráfico.

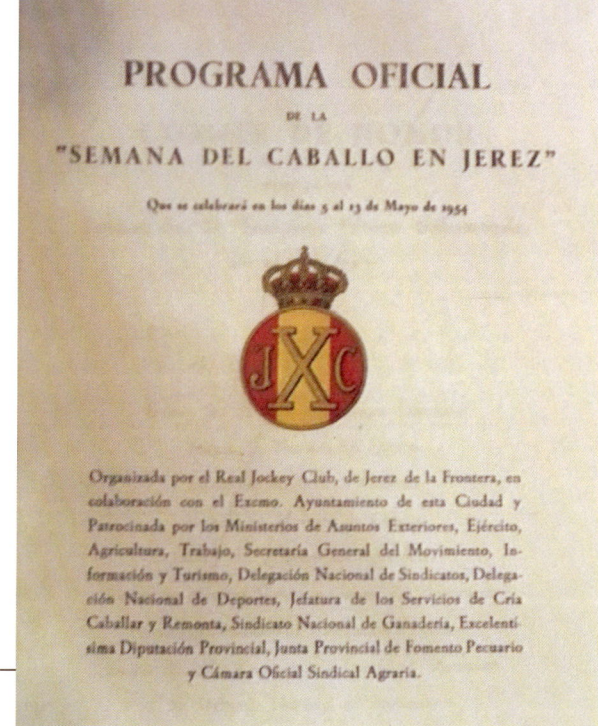

Figura 53. Presentación de la Semana del caballo de Jerez.

Antonio León Majón; «Historia del caballo español», por Ruy D'Andrade; «Condición temperamental del caballo andaluz», por Gumersindo Aparicio Sánchez; «El caballo de Polo», por Ignacio Domecq González; «El caballo de Jerez», por Álvaro Domecq Díez; «La semana del Caballo y el Real Jockey Club», de Bernabé Rico Cortés; «Historia y anecdotario del caballo de Jerez», por José de las Cuevas; «La grandeza de Jerez, sus vinos, sus caballos, sus aficiones y desvelos» por Joseph O`Grove; «El caballo en la pintura» por Manuel Olmedo; «El caballo como elemento estilístico en el arte» por Rafael Castejón y Martínez de Arizala, o «La cola de Caballo» de Diego Moreno Guerrero, así como la participación oral del escritor y poeta José María Pemán.

El acto de clausura la presidió don Alberto Martín Artajo entonces ministro de Asuntos Exteriores, produciéndose en el mismo la entrega de premios por parte de las autoridades presentes a los ganaderos cuyos ejemplares habían sido premiados, y como cierre del evento una glamurosa cena en los jardines del Bosque donde todos confraternizaron. El día 16 de mayo, se clausuró la Exposición Bibliográfica de grabados y trofeos, que durante la semana estuvo abierta en el salón principal de la Academia Jerezana de San Dionisio, con gran asistencia de público.

En fin, todo un acontecimiento ecuestre, nunca visto en Jerez, con gran resonancia nacional en la España de los años cincuenta del siglo pasado.

IV. A partir de 1967 la feria de Jerez pasó a denominarse Feria del Caballo.

Para potenciar y hacer más visible la relación de Jerez y el caballo, en 1967, siendo alcalde de la ciudad Miguel Primo de Rivera, se decidió nominar a la Feria de primavera que se celebra en Jerez durante los primeros días de mayo, como Feria del Caballo.

Desde entonces cada mes de mayo, se celebra en las instalaciones del Depósito de Sementales de Jerez, en otras horas Jockey Club de Jerez, así como en otras construcciones anexas, patrocinadas por la Excelentísima Diputación Provincial de Cádiz, la Feria del Caballo. En el mismo, cada año, se otorga y entrega con gran difusión local y nacional el Trofeo Caballo de Oro y el Caballo Campeón de Campeones[128].

Figura 54. Cartel anunciador de la primera Feria del caballo.

128 Ganadores: véase relación de vencedores en relación aparte.

Seguidamente se acompañan las disposiciones oficiales que sustentan la concesión del Caballo de Oro de la Ciudad de Jerez.

Figura 55. Lote de yeguas. Concurso-venta de Jerez, en 1931.

Figura 56. Imagen de la Feria de Jerez.

El Premio Caballo de Oro en el BOJA (2018)

- RESOLUCIÓN de 12 de abril de 2000, de la Dirección General de Fomento y Promoción Turística, por la que se adjudica el Premio Caballo de Oro 1999. Organismo: Consejería de Turismo y Deporte. (Boletín número 59 de 20/5/2000 Sección: Otras disposiciones).

- RESOLUCIÓN de 30 de enero de 1987, de la Dirección General de Turismo, por la que se convoca el Premio Caballo de Oro 1987. Organismo: Consejería de Fomento y Turismo. (Boletín número 11 de 10/2/1987 Sección: Otras disposiciones).

- RESOLUCIÓN de 22 de julio de 1987, de la Dirección General de Turismo, por la que se concede el premio Caballo de Oro 1987. Organismo: Consejería de Economía y Fomento. (Boletín número 67 de 31/7/1987 Sección: Otras disposiciones).

- RESOLUCIÓN de 25 de julio de 1986, de la Dirección General de Ordenación y Promoción del Turismo, por la que se concede el premio Caballo de Oro 1986. Organismo: Consejería de Turismo, Comercio y Transportes. (Boletín número 78 de 9/8/1986 Sección: Otras disposiciones).

- RESOLUCIÓN de 27 de febrero de 1991, de la Dirección General de Turismo, por la que se publica la concesión del Premio Caballo de Oro 1990. Organismo: Consejería de Economía y Hacienda. (Boletín número 20 de 15/3/1991 Sección: Otras disposiciones).

- RESOLUCIÓN de 11 de enero de 1988, por la que se convoca el premio Caballo de Oro 1988. Organismo: Consejería de Fomento y Trabajo. (Boletín número 5 de 22/1/1988 Sección: Otras disposiciones).

- RESOLUCIÓN de 23 de enero de 1989, de la Dirección General de Turismo, por la que se convoca el Premio Caballo de Oro 1989. Organismo: Consejería de Fomento y Trabajo. (Boletín número 11 de 10/2/1989 Sección: Otras disposiciones).

- RESOLUCIÓN de 29 de enero de 1990, por la que se convoca el premio Caballo de Oro 1990. Organismo: Consejería de Fomento y Trabajo. (Boletín número 13 de 9/2/1990 Sección: Otras disposiciones).

- RESOLUCIÓN de 11 de marzo de 1991, de la Dirección General de Turismo, por la que se convoca el Premio Caballo de Oro 1991. Organismo: Consejería de Economía y Hacienda. (Boletín número 24 de 5/4/1991 Sección: Otras disposiciones).

- RESOLUCIÓN de 6 de marzo de 1992, de la Dirección General de Turismo, por la que se hace pública la concesión del Premio Caballo de Oro 1991. Organismo: Consejería de Economía y Hacienda. (Boletín número 26 de 27/3/1992 Sección: Otras disposiciones).

- RESOLUCIÓN de 12 de marzo de 1992, de la Dirección General de Turismo, por la que se convoca el Premio Caballo de Oro 1992. Organismo: Consejería de Economía y Hacienda. (Boletín número 26 de 27/3/1992 Sección: Otras disposiciones).
- RESOLUCIÓN de 28 de julio de 1992, de la Dirección General de Turismo, por la que se hace pública la concesión del premio Caballo de Oro 1992.Organismo: Consejería de Economía y Hacienda. (Boletín número 79 de 14/8/1992 Sección: Otras disposiciones).
- RESOLUCIÓN de 24 de mayo de 1993, de la Dirección General de Turismo, por la que se convoca el premio Caballo de Oro 1993. Organismo: Consejería de Economía y Hacienda. (Boletín número 59 de 5/6/1993 Sección: Otras disposiciones).
- RESOLUCIÓN de 2 de agosto de 1993, de la Dirección General de Turismo, por la que se hace pública la concesión del premio Caballo de Oro 1993.

Premios Caballo de Oro (1967-2024)

- Caballo de oro 2024. Hermandad del Rocío de Jerez de la Frontera.
- Caballo de oro 2023. Joaquín Vallejo Cabrera. Hno. mayor de la Real Hermandad del Rocío de Jerez.
- Caballo de oro 2022[129]. Belén Bautista Sánchez.
- Caballo de oro 2021. Unidad especial de Caballería de la Policía Nacional.
- Caballo de oro 2020. D. Antonio Carrasco Mateos
- Caballo de oro 2019. Ilustrísimo Señor don Felipe Morenés y de Giles, marqués de Villarreal de Burriel.
- Caballo de oro 2018. Escuadrón de Caballería de la Guardia Civil
- Caballo de Oro 2017. Escuadrón de Escolta de la Guardia Real
- Caballo de Oro 2016. D. Nahman Andic Ermay
- Caballo de Oro 2015. D. Abelardo Morales Purón
- Caballo de Oro 2014. D. Nicolás Domecq Ybarra
- Caballo de Oro 2013. D. Antonio Diosdado Galán

---

129   Entregado en la Feria del Caballo 2023.

- Caballo de Oro 2012. D. Sebastián Zambrano Sánchez
- Caballo de Oro 2011. D. Ramón Guerrero González (póstumo)
- Caballo de Oro 2010. Real Club de Enganches de Andalucía
- Caballo de Oro 2009. Dña. Ana M.ª Bohórquez Escribano
- Caballo de Oro 2008. D. Miguel Ángel de Cárdenas Osuna
- Caballo de Oro 2007. D. Gonzalo Fdez. de Córdova y Topete
- Caballo de Oro 2006. D. Juan Robles Marchena
- Caballo de Oro 2005. D. Antonio Moreno Calderón
- Caballo de Oro 2004. Dña. Beatriz Ferrer-Salat
- Caballo de Oro 2003. D. Rafael Soto Andrades
- Caballo de Oro 2002. D. Manuel Delgado Hernández
- Caballo de Oro 2001. Facultad de Veterinaria de Córdoba
- Caballo de Oro 2000. D. Fermín Bohórquez Domecq
- Caballo de Oro 1999. D. Ignacio Rambla Algarín
- Caballo de Oro 1998. D. Alfredo Goyeneche Moreno
- Caballo de Oro 1997. D. Luis Álvarez Cervera
- Caballo de Oro 1996. Equipo Olímpico Español de Doma Clásica
- Caballo de Oro 1995. Comité Olímpico Español
- Caballo de Oro 1994. Escuela Española de Equitación de Viena
- Caballo de Oro 1993. S.A.R. la Infanta Doña Elena de Borbón
- Caballo de Oro 1992. D. Huberto Domecq Ybarra
- Caballo de Oro 1991. Yeguada del Hierro del Bocado
- Caballo de Oro 1990. Asociación de Criadores de Caballos de P.R.E.
- Caballo de Oro 1989. Yeguada Militar de Jerez
- Caballo de Oro 1988. D. Juan Antonio Maldonado Gordon
- Caballo de Oro 1987. Real Escuela Andaluza del Arte Ecuestre
- Caballo de Oro 1986. Federación Ecuestre Internacional
- Caballo de Oro 1985. Dña. Blanca Domecq Zurita
- Caballo de Oro 1984. D. Alfonso Segovia Segovia

- Caballo de Oro 1983. Matrimonio Domecq Ybarra
- Caballo de Oro 1982. Familia Astolfi Pérez Guzmán
- Caballo de Oro 1981. D. Juan Rodríguez Muñoz
- Caballo de Oro 1980. D. Fermín Bohórquez Escribano
- Caballo de Oro 1979. D. Luis Guardiola Domínguez
- Caballo de Oro 1978. D. Luis Ramos Paúl Dávila
- Caballo de Oro 1977. D. Antonio Pérez-Luna Gallegos
- Caballo de Oro 1976. II Depósito de Sementales
- Caballo de Oro 1975. D. José Mata Aparicio
- Caballo de Oro 1974. D. Álvaro Domecq Díez
- Caballo de Oro 1973. Hijos de D. Rafael Romero
- Caballo de Oro 1972. D. Álvaro Domecq Romero
- Caballo de Oro 1971. D. Miguel Primo de Rivera y Urquijo
- Caballo de Oro 1970. D. Luis Fernando Domecq Ybarra
- Caballo de Oro 1969. Dña. María Isabel Merello, viuda de Ferry
- Caballo de Oro 1968. D. Pedro Domecq de la Riva
- Caballo de Oro 1967. Ciudad de Jerez de la Frontera

V. En 1973, Álvaro Domecq Romero, con su espectáculo «como bailan los caballos andaluces», propicia la creación de la Real Escuela de Arte Ecuestre de Jerez.

Los comienzos

En mayo de 1973, el Ayuntamiento de Jerez con el apoyo del Ministerio de Información y Turismo, otorgó a don Álvaro Domecq Romero el Caballo de Oro por su aportación al arte del rejoneo, quien en agradecimiento a esta distinción ofreció a la ciudad de Jerez en el Parque González Hontoria el espectáculo ecuestre *Cómo bailan los caballos andaluces*. El acto contó con la presencia de los entonces príncipes de Asturias, luego reyes de España. De este hecho la prensa local y nacional hizo notar la relevancia del espectáculo, así como de la calidad de la exhibición ecuestre.

En el acto intervinieron, a propuesta de Álvaro Domecq, los siguientes jinetes y amigos: Javier García Romero, Antonio Moreno, Manuel Méndez, Antonio Diosdado, Luis Ramos Paúl y Manuel Vidrié, todos ellos encabezados por Álvaro Domecq. Lo hicieron sobre los caballos –*Barquillero, Deportista, Desprecio, Frívola, Garboso, Jerezano, Kimbo, Marqués, Saeta, Titánic, Río Pio, Valeroso, Veneno, Vendaval y Yuntero*– (de los hierros del Siete, Cárdenas, Diosdado, Domecq, Soto, Oriol y otros).

Estos caballistas habían participado con anterioridad en IV Centenario de la Escuela Española de Equitación de Viena y Álvaro Domecq, ante la repercusión periodística de aquellos eventos, puso en marcha la Escuela Andaluza de Equitación.

La Escuela inició su andadura bajo una carpa decorada con los colores de Jerez que entonces contaba con picadero y gradas. Luego, en 1975 el Ministerio de Cultura y Bienestar, contactó con los hermanos Zuleta Reales Carvajal para adquirir el palacio del Recreo de las Cadenas, donde se ubicó definitivamente la Escuela Andaluza de Arte Ecuestre.

La Real Escuela

Para la ubicación de la Real Escuela, fue utilizado el primitivo Palacio del duque de Abrantes del Recreo de la Cadenas, rehabilitado por el arquitecto jerezano José Luis Picardo Castellón. Para ello, a partir de 1978 se inició la construcción, entre otros, de un picadero cubierto donde realizar las actuaciones del espectáculo. Asimismo, comenzaron a construirse cinco cuadras y un guadarnés octogonal, así como otras dependencias para su funcionamiento. En definitiva, en su conjunto se han configurado unas instalaciones de 70.000 m² repartidos entre la finca del Palacio Recreo de la Cadenas, y las bodegas de Permatin (7.000 m²) espacio donde se ubican las instalaciones dedicadas a los enganches.

El primitivo palacio fue diseñado por Charles Garnier[130] y ejecutado por su discípulo Ravel. El edificio es un singular ejemplo de la arquitectura palaciega del siglo XIX, con formas neorrenacentistas y barrocas.

En 1980, el arquitecto jerezano José Luis Picardo construyó El Picadero cubierto de 20x60m, con cabida para 1.563 personas, dotado de un magnífico Palco de Honor (para 24 personas). El picadero está diseñado al más puro estilo andaluz tradicional, como las otras dependencias

---

130 Autor entre otras de la Ópera de Paris y el Real Casino de Mónaco.

que acompañan al picadero tal es el caso de un guadarnés octogonal que sirve de anexo a cinco cuadras con doce boxes (cada una) a las que se les puso nombre de caballos emblemáticos de la Real Escuela, tales como *Ruiseñor, Vendaval, Garboso, Valerosos* y *Jerezano.*

En 1983 el Ministerio de Información y Turismo, consciente de lo que representaba la Escuela, adquirió a Álvaro Domecq Romero, el entonces propietario del espectáculo, todos los derechos junto a la marca, equipos e indumentarias.

Para complementar los objetivos de la escuela, en 1986 se adquirieron a don Pedro Domecq Romero 35 ejemplares de P.R.E y 19 carruajes con sus arneses, algunos de cuales habían sido construidos en el siglo XVIII. A partir de entonces estas yeguas configuraron la propia ganadería de la escuela, las cuales pastan actualmente en las tierras de la Yeguada del Bocado. Por su parte los carruajes se utilizan para representación en contadas ocasiones, además de estar expuestos en el Museo de carruajes.

En 1987 el rey Juan Carlos, recibió en audiencia al patronato en el Palacio de la Zarzuela, aceptando su Presidencia de Honor y concediendo a la escuela el título de «Real Escuela».

Así pues, en el Recreo de las Cadenas, se ha instalado la Real Escuela de Arte Ecuestre de Jerez, inaugurada el 1 de mayo de 1982. El edificio principal es de estilo neobarroco, mientras la parte nueva recrea el estilo clásico andaluz. Allí se encuentra el picadero cubierto, de 60x20m., diseñado para realizar las exhibiciones, con una capacidad para 1600 personas y dotado de un palco de honor con cabida para 24 personas. El complejo también dispone de cinco cuadras de doce boxes cada una, distribuidas en forma ortogonal en torno al guadarnés, además de clínica veterinaria, jardinería y otras dependencias complementarias.

La Real Escuela depende, desde 1982, del patronato creado como fundación cultural por la Excma. Diputación de Cádiz, en cuyo seno, desde abril de 1990, también está implicada la Junta de Andalucía.

La Real Escuela Andaluza del Arte Ecuestre –o, más propiamente, de Jerez– tiene entre sus objetivos prestar a la provincia de Cádiz servicios de fomento y protección de la ganadería caballar, de sus industrias derivadas y del arte ecuestre. Desde sus inicios, funciona como centro de formación para jinetes y otros oficios relacionados con el ámbito ecuestre.

Como ya se ha dicho, en 1983 el Ministerio de Información y Turismo adquirió a don Álvaro Domecq Romero todos los derechos y equipos de la Escuela, transferidos luego por Real Decreto a la Junta de Andalucía.

La Escuela ha participado desde su configuración, entre otros, en la Plaza de las Ventas de Madrid con motivo de la Inauguración de los campeonatos mundiales de Natación, y en la Real

Maestranza de Sevilla, durante la celebración de Exposición Universal de Sevilla 1992. De este modo ha creado, un vínculo cultural del patrimonio andaluz, que con sus numerosas giras difunden el arte de la equitación y muestran la supremacía del caballo español, para la disciplina de doma, convirtiendo a la Real Escuela en una excelente embajadora de la marca España.

A partir de 2003 los órganos de la Fundación son El Patronato (órgano de representación, gobierno y administración), el Comité Ejecutivo (al que le corresponde la dirección administrativa, organización de los servicios, y la ejecución de los acuerdos) y el Gerente (máxima autoridad ejecutiva).

VI. En 1983 se instaura en la finca Fuente de Sueros la yeguada de la Cartuja del Hierro del Bocado.

Don Fernando C. Terry utilizaba como imagen para difundir la calidad de sus vinos a la venta sus apreciados caballos de Pura Raza: Estos los había adquirido en enero de 1949 a don Salvador Guardiola, originarios de la ganadería don Vicente Romero García, marcados con el hierro del bocado con una «c» en el desveno.

En 1981 José M.ª Ruiz Mateos, adquiere para RUMASA S.A. las bodegas de Terry y la yeguada que tenía, y en 1983 tras la expropiación de Rumasa, todo ello pasa a Patrimonio del Estado Español. Pronto, en 1985 se segrega la bodega de dicha yeguada, sobre la que se hace destacar el patrimonio genético que este colectivo atesoraba. En 1990 el gobierno del Estado decide encargar esta explotación a la sociedad estatal de EXPASA[131], para que se encargara de mantener y mejorar aquel tesoro genético.

Por aquellas fechas se nombra a don José Sanz Parejo, insigne veterinario y Catedrático de Reproducción animal de la Facultad de Veterinaria de la Universidad de Córdoba como responsable y director de EXPASA, una Sociedad Estatal. Don José a partir de entonces pone en marcha aquella dependencia.

Gracias a la presión de autoridades y ganaderos, y a la voluntad de Patrimonio del Estado, se adquirió la Finca Fuente del Suero, una dehesa de 189 ha. próxima a la Cartuja de Jerez. Esta finca, de fácil cultivo de especies forrajeras, fue destinada a alojar a la yeguada del Hierro del Bocado.

---

131 Empresa pública mercantil, cuyo único accionista es el Estado a través del Ministerio de Hacienda, Dirección general de Patrimonio del Estado y cuya tutela funcional la desempeña el Ministerio de Agricultura, Pesca y Alimentación.

VII. *Pedro Pacheco, alcalde de Jerez, al margen de llenar la ciudad de esculturas ecuestres, organiza los Juegos Ecuestres Jerez 2002.*

Pedro Pacheco, alcalde de Jerez, continúa con su determinación de traer a la Ciudad la celebración de los Juegos Ecuestres, hecho que se realizó en 2002.

Los IV Juegos Ecuestres Mundiales, Jerez 2002

El año 2002, Jerez fue designada para la organización de los IV Juegos Ecuestres. Con anterioridad, este importante evento se había celebrado en Estocolmo (1990), La Haya (1994) y Roma. (1996), es decir, se trataba de la cuarta edición de los juegos ecuestres mundiales.

Para obtener dicha designación, las autoridades locales y autonómicas, habían estado trabajando durante años para alcanzar con el objetivo de lograr para la ciudad la asignación de este evento de alcance ecuestre mundial. Los Juegos Ecuestres Jerez 2002 se celebraron entre el 10 y el 22 de septiembre de ese mismo año, bajo la organización de la Federación Ecuestre Internacional (FEI) y la Real Federación Hípica Española, con la participación activa del Ayuntamiento de Jerez de la Frontera, siendo Pedro Pacheco su regidor.

Las competiciones se realizaron en el estadio de Chapín, completamente remodelado para la ocasión; las pruebas de raid y campo a través se realizaron en un circuito por los bosques y campos colindantes de la ciudad, adecuándose entre otras las instalaciones militares de Garrapilos[132].

El campeonato contó con la asistencia de 551 participantes de 48 países afiliados a la FEI, que intervinieron en 7 deportes ecuestres: doma, concurso completo, salto de obstáculos, raid, volteo, enganches y doma vaquera. En total se disputaron 15 pruebas.

En el medallero, la nación vencedora fue Alemania que obtuvo 9 medallas, en segundo lugar, se clasificó Francia y en tercer lugar USA. España quedó novena, junto a Canadá y Reino Unido con dos medallas cada una: una de plata y otra de bronce.

La organización como tal, tanto en lo deportivo como organizativo, obtuvo un éxito rotundo. Sin embargo, la ciudad de Jerez no quedó tan satisfecha, pues los jerezanos apenas vivieron el mundial y el propio sector ecuestre cita la celebración del evento como una gran oportunidad perdida. Es más, muchos todavía consideran que aquel evento resultó un éxito deportivo y organizativo, pero un fracaso económico y social para la ciudad de Jerez.

---

132 El cortijo de Garrapilos.

Para comprender mejor cómo se fraguó la designación de Jerez como sede de los Juegos Ecuestres y las esperanzas que aquel evento despertó tanto en el sector como en la ciudad, nada mejor que leer el artículo que Francisco Romero escribió quince años después, publicado en su día en el Diario de Jerez y difundido en la prensa local y autonómica. He decidido incluir dicho escrito en este apartado, por considerarlo el testimonio más certero y lúcido sobre los diversos factores que intervinieron, la forma en que actuaron los principales protagonistas de aquella aventura, así como las contradicciones y controversias que marcaron el desarrollo de los Juegos, coronados por un indiscutible éxito deportivo, aunque no exentos de polémica por una gestión controvertida, grandes inversiones y la desviación de fondos organizativos hacia otros fines.

Jerez 2002: Un mundial ecuestre inigualable y ruinoso. FRANCISCO ROMERO

Jerez, 10 de septiembre de 2002. Suena el himno de España. También el de Andalucía. Cinco reactores de la Patrulla Águila surcan el cielo y dibujan los colores de la bandera patria. Por el estadio de Chapín desfilan los abanderados de los 57 países participantes. El exalcalde Pedro Pacheco pronuncia su discurso. Luego le siguen la infanta Pilar de Borbón, presidenta de la Federación Internacional Ecuestre (FEI), y el Rey Juan Carlos. Quedan oficialmente inaugurados los Juegos Ecuestres Mundiales de 2002. Jerez alberga, durante doce días, la cuarta edición de un campeonato que hizo que la ciudad copara páginas de diarios y minutos de televisión y radio en medios de todo el mundo. Más de 500 jinetes demostraron sus dotes en las infraestructuras acondicionadas para tal fin, el estadio de Chapín o las instalaciones militares de Garrapilos, propiedad del Ministerio de Defensa, además del Palacio de Deportes y del edificio Jerez 2002, uno de los pocos vestigios que quedan de aquella etapa.
El éxito deportivo del mundial ecuestre no se discute. Pocas son las voces que hablan mal de la organización, del desarrollo de las pruebas y de todo lo que conlleva celebrar un evento de estas características. Los hoteles llenos, la ciudad copada por turistas extranjeros y la asistencia a muchas pruebas, más que aceptable. El éxito social ya es otra historia. Los jerezanos apenas vivieron el mundial, ya fuera por desinterés o por falta de posibilidades, y los proveedores que contribuyeron a hacer posible el evento tardaron años en cobrar. Jerez 2002 logró reunir unos 18 millones de euros para organizar

las pruebas. Las cuentas del evento en sí fueron positivas: la recaudación en taquilla fue buena. Pero los números no cuadraron.

Las cifras se fueron conociendo a cuentagotas, pero la remodelación y equipamiento del complejo deportivo de Chapín supusieron una inversión de unos 60 millones de euros –21,6 millones tan solo para el estadio–, un montante que costearon entre distintas administraciones: 10,1 millones de euros aportó el Ayuntamiento de Jerez, 3,7 millones de euros el Consejo Superior de Deportes, otros 3,7 millones la Junta de Andalucía, 2,4 millones la organización de Jerez 2002 y 1,5 millones la Diputación de Cádiz, según datos publicados por ABC en enero de 2003.

«Se cargaron a cuenta de los Juegos unas inversiones que no eran propias de la actividad. El Ayuntamiento utilizó dinero de Jerez 2002 para hacer inversiones municipales», asegura Antonio Ortiz Rufino, director del comité organizador de los Juegos Ecuestres, que insiste: «La cuenta fue positiva, pero si se emplea dinero para otras cuestiones, se crea un déficit de explotación». Ortiz Rufino cree que Jerez dejó pasar una oportunidad para crear una industria potente en torno al caballo. «En vez de punto de partida fue un punto y final, se llegó exhausto». Él es de los que piensan que «no se debería haber hecho un estadio nuevo –para el mundial se remodeló Chapín–, ni un pabellón cubierto. Ahí se gastó mucho dinero que debería haberse invertido en los caballos».

La ciudad recuerda con escepticismo esa cita 15 años después de su celebración. Las sombras se recuerdan más que las luces de un acontecimiento que se empezó a fraguar a principios de los años 90 del siglo pasado. Jerez acoge pruebas hípicas durante esta época y en la cabeza del omnipotente alcalde Pedro Pacheco empiezan a sonar con fuerza los ecos de la repercusión y movimiento económico que unos posibles Juegos Ecuestres podrían traer a la ciudad. «Los asesores me convencieron de que Jerez estaba capacitada para organizar unos Juegos y nos fuimos a La Haya (Holanda) a ver el mundial hípico de 1994», cuenta el exregidor a Diario de Jerez en un reportaje publicado en 2012. De tierras holandesas volvieron convencidos de que el reto era asequible.

El director general de Jerez 2002 dijo «En vez de punto de partida fue un punto y final, se llegó exhausto».

Luego llegó el viaje a Puerto Rico. A las islas, en pleno Caribe, fueron miembros del gobierno local –con Pacheco al frente–, asesores, periodistas y representantes de otros partidos que acudieron todos a una para defender la candidatura de Jerez, ya que allí la Federación Ecuestre Internacional debía decidir la ciudad organizadora de los Juegos Ecuestres de 2002. Kentucky (EEUU) y una ciudad alemana eran la competencia. El discurso convencido de Luis Figueroa Griffith, presidente de la Real Federación Hípica Española, hizo el resto. Jerez ganó muchos puntos de cara a albergar los Juegos. Pero el trabajo no había hecho más que empezar. Había que preparar las instalaciones para acoger pruebas hípicas de categoría mundial y ahí empezaron las obras faraónicas. El complejo de Chapín fue remodelado en profundidad –de esta época son el hotel y el gimnasio–, una infraestructura que tuvo un resultado espectacular… aunque económicamente fue demoledor para las arcas municipales. «Tuvimos muy buena imagen en el exterior, de público a tope, los comercios vendieron… pero el dinero del mundial se usó para Chapín, el Circuito o para pagar nóminas del Ayuntamiento», asegura Benito Pizarro, empresario ecuestre y parte del equipo de prensa de Jerez 2002. «Los Juegos se llevaron como un cortijo», añade, y cuenta una anécdota que refleja cómo se gestionó la cita: «Cuando quedaban dos o tres finalistas, Pacheco eligió el logo a dedo porque ya había encargado 5.000 corbatas de Loewe en Londres con esa imagen».

Los Juegos Ecuestres Mundiales se celebraron por primera vez en Estocolmo (Suecia) en 1990. A esta cita le siguieron las celebradas en La Haya (Holanda) en 1994, la de Roma (Italia) en 1998 y luego le tocó el turno a Jerez, en 2002. Aquisgrán (Alemania), Lexington (EEUU) y Caen (Francia) han acogido la cita en los siguientes años, y Bromont (Canadá) hará lo propio en 2018. Los celebrados en tierras jerezanas, coinciden todos los expertos consultados para este reportaje, son «los mejores de la historia». Antonio Ortiz Rufino, quien fuera director general del mundial, asegura que «unos Juegos como los de Jerez difícilmente se repetirán», y apunta que, aunque «la organización fue un éxito», a la ciudad «le vino grande» celebrar un evento de estas características, máxime cuando al concluir la cita «se desinfló todo». Entre otras cosas, dice, porque se convirtió en un arma política. Con las elecciones municipales de 2003 a la vuelta de la esquina, sus rivales en las urnas, la socialista Pilar Sánchez y la popular María José García-Pelayo, aprovecharon las miserias de Jerez 2002 para desgastar al alcalde que llevaba 24 años gobernando la ciudad.

¿Pero cómo influyó la celebración de los Juegos Ecuestres en la economía de la ciudad? El Consejo Económico y Social de Jerez elaboró un informe que concluyó que el municipio resistió la crisis mejor que las poblaciones del entorno gracias, en parte, a la cita mundialista. «Jerez está inmersa en las circunstancias económicas mundiales y se ha visto afectada por la desaceleración, pero la ha soportado mejor que otras ciudades del entorno», dijo por aquel entonces la alcaldesa María José García-Pelayo. Eso sí, a costa de muchos pequeños proveedores que realizaron trabajos que tardaron años en cobrar. No fue hasta enero de 2006 cuando el Ayuntamiento, con Pilar Sánchez en la Alcaldía tras arrebatársela a García-Pelayo con un nuevo pacto con Pacheco, liquidó deudas de Jerez 2002. Nada menos que 3,2 millones de euros pendientes de pago a 240 acreedores, el 80% de los cuales eran pequeñas y medianas empresas.

«Para mucho pequeño empresario fue una pesadilla», señala Raquel Benjumeda, experta en comunicación ecuestre. «Para la afición al caballo supuso una gran dosis de ilusión que luego se tornó en decepción: al jerezano el mundial le costó dinero y luego no tuvo ningún retorno deportivo en la ciudad». Benjumeda sostiene que los Juegos Ecuestres se podrían haber organizado «realizando un lavado de cara de las instalaciones, pero se hizo a lo grande, tirando un estadio y volviéndolo a hacer, era una época en la que los ayuntamientos tenían que exhibirse», señala, y añade: «Parecía que Jerez era el centro del mundo, pero fue un espejismo». Esta experta en el mundo del caballo sostiene que «Jerez ha desactivado su segmento ecuestre», aunque no debe darlo por perdido: «Lo primero que hay que hacer es elegir a un equipo y que surjan ideas», apunta. Ella señala que la ciudad debería haber aspirado a ser «la vecina de Montenmedio», un centro hípico situado en Vejer que acoge cada año a 1.700 caballos de élite procedentes de toda Europa.

Pacheco afirma «La rentabilidad hay que buscarla a largo plazo, lo que pasa es que a partir de 2003 no se ha continuado con este proyecto».

El legado de Jerez 2002 es escaso. Apenas un centro ecuestre con este nombre, el edificio del complejo de Chapín denominado así y poco más. El estadio municipal no ha vuelto a albergar una prueba hípica de nivel mundial y en Garrapilos, donde se emplearon tres millones de euros en construir pistas de galope de kilómetros de césped y en adaptar las instalaciones a la llegada de grandes camiones y la instalación de los equipos ecuestres, ahora hay trigo sembrado. Además, la Escuela Municipal de Equitación se privatizó en 2014 con el PP en la Alcaldía. El exalcalde Pedro Pacheco, años después de concluir los Juegos Ecuestres, justificó los resultados económicos de esta manera: «Ningún evento de estas características es rentable. Los números de una administración nunca son iguales que los números de una empresa privada», señalaba en las páginas de Diario de Jerez. Y acusó a sus predecesoras en el cargo de no apostar por la industria del caballo: «La rentabilidad hay que buscarla a largo plazo, lo que pasa es que a partir de 2003 no se ha continuado con este proyecto. Ni Pilar Sánchez ni la señora García, que han demostrado ser dos inútiles políticas, han hecho nada por el caballo».

La Real Escuela Andaluza del Arte Ecuestre y –los seis centros hípicos privados existentes– es la que mantiene viva la llama de la explotación en torno al caballo en la ciudad. «Hay una industria importante en la zona, aunque desconocida, pero debe de ir mucho más allá de lo que ahora mismo existe», apunta Juan Carlos Camas, director-gerente de la institución en una entrevista concedida a *lavozdelsur.es*. La Real Escuela, dice Camas, «está a disposición de conseguir el objetivo de Jerez y la provincia de generar, junto a otros, el movimiento suficiente para tener una industria importante en torno al mundo del caballo capaz de generar riqueza y puestos de trabajo». El máximo responsable de este organismo asegura que en la ciudad «existe un mundo de posibilidades, también a nivel formativo. De hecho, llevamos ya tiempo en conversaciones con la UCA para poder ofrecer un título de experto universitario que haga posible el hecho de la existencia de profesionales vinculados a este mundo». Las intenciones, todavía, deben convertirse en hechos.

Algunas voces, pocas, se levantaron en contra de la celebración de Jerez 2002. La llamada plataforma contra los Juegos Ecuestres –compuesta por el Ateneo Libertario, CNT, Taller de Paz, Soca y Paso a Paso 4D– se opuso desde el principio y, un año después, hizo balance: «El tiempo nos dio la razón: los Juegos fueron un chiringuito para los ricos, en Jerez no se acabó con el paro ni se dio el trabajo que Pacheco decía que se iba a dar, no hubo beneficios públicos y la deuda todavía la está pagando el Ayuntamiento, sí hubo beneficios privados que no vimos los currelas por ningún lado, se tapó esos días todo lo que oliera a Jerez pobre, marginal, crítico».

Con la perspectiva que da ver los Juegos Ecuestres 15 años después, el que fuera su director general no se lo piensa a la hora de contestar si volvería a celebrarlos en la ciudad: «Sin duda, mereció la pena». De hecho, la FEI (Federación Ecuestre Internacional), en vista del buen desarrollo de la cita, propuso a Jerez que organizara los Juegos Ecuestres de 2006, desvela el empresario Benito Pizarro, que vivió muy de cerca la organización de las pruebas hasta que, unos meses antes del inicio, abandonó el proyecto porque «nadie pensaba en el día siguiente», y pone un ejemplo: «Nunca celebramos ni un concurso para niños, eso en cualquier otra ciudad europea no hubiera pasado». Pizarro señala: «Fuimos muy torpes, por la prepotencia del Ayuntamiento, que no veía lo que estaba ocurriendo». Pero, sin embargo, también sería partidario de repetir la cita. «¿Cuánto vale una campaña de publicidad a nivel mundial?», se pregunta. A los jerezanos, desde luego, le costó muy cara.

En 1955, José de las Cuevas terminaba su ponencia sobre «los caballos de Jerez» con una lista de ganaderos, que el mismo justifica como que no tienen fin. A esta lista me quiero acoger, pues, aunque me pueda dejar los ganaderos más contemporáneos, entiendo se hace justicia a los ganaderos jerezanos que lo dieron todo por el caballo y por el realce de Jerez y el caballo. Así me parece oportuno nominar además del marqués de Domecq y a don Pedro Guerrero (Hnos. Guerrero), a los Camba, los Perea, los Romero Benítez, los Romero García, los Hnos. Mora Figueroa, don Patricio Garvey, don Guillermo Garvey, Sánchez Remate, marqués de Villamarta, Gallegos, don José Fernández Piña, don Pedro Guerra, don Fermín y don José Bohórquez, Osborne, don Gabriel Mateos, don Francisco Chica, don José Domínguez Romero, don José García Barroso, don Agustín Blázquez, don Francisco Mier Terán y él mismo José de las Cuevas.

En fin, quiero terminar con unos versos del gran poeta y ganadero de la tierra Fernando Villalón, quien en su día dedicó a la campiña de Jerez, y que dicen así:

Tu campiña feraz es la paleta
donde un pintor artista encontraría colores
desde el blanco al violeta…
El tono ocre de tu tierra prieta.
todo el verde de tus viñas, el blanco en los primores
de tus casitas blancas que parecen de sal.
Los matices del rojo en el rojo zullal.

Informe del archivo municipal de Jerez acerca de la tradición ecuestre de Jerez el 24 de julio de 2017

Aprovechando la labor realizada tras una solicitud formulada en 2017 por el gran jerezano hípico y amigo del Archivo Municipal de Jerez, el Ilustrísimo señor don Felipe Morenés, para la elaboración del tema *El caballo en la historia de Jerez*, con el objetivo de conformar su discurso de ingreso en la Academia de San Dionisio de Jerez, me ha parecido oportuno adjuntar en este texto los datos proporcionados por el archivero don Cristóbal Orellana González, quien facilitó, el 24 de julio de 2017, una serie de documentos municipales que se incorporan a continuación en esta monografía.

Así pues, entiendo se trata de una información importante sobre el conocimiento de los caballos de Jerez de la Frontera. Pues dicha documentación, en mi opinión, siempre estará disponible para los interesados en el tema, como material de consulta en aquellas dependencias municipales. Por ello, nos ha parecido oportuno ilustrar nuestra monografía con la referencia de estos documentos ejecutados por el citado archivero.

Don Cristóbal Orellana, redacta el 24 de julio de 2017, y subdivide su información del modo siguiente:

I.   Bibliografía. En el mismo, se acompañan las obras y monografías relacionadas con la tradición ecuestre local que obran en el ayuntamiento, que en su mayoría fueron generadas por personas cercanas al propio Ayuntamiento de Jerez.

II. Archivos históricos reservados. Aquí se ofrecen más de un centenar de citas correspondientes a aspectos concernientes con el mundo del caballo acumulados en los expedientes municipales. La mayoría de estas referencias están producidas en los siglos XVIII y XIX, así como en un menor número, pues solo se citan los referentes a actos relevantes relacionados con el municipio, los acumulados durante el siglo XX.

III. Legajos y expedientes. Casi un centenar de documentos que se acumulan en otros formatos de sucesos municipales entorno al caballo y que complementan especialmente el apartado II.

IV. Recortes de prensa. En este apartado se compilan una serie de artículos y fotos aparecidos en la prensa local referentes a acontecimientos ecuestres realizados en Jerez que merecieron la atención periodística.

I. Bibliografía

REGISTRO	
2680	AAVV (1957), *Jerez de la Frontera [vino, viña, bodega, caballos, ganadería…]*. Ed. Banco Bilbao Vizcaya, 1957, S. L., 88 pp. + plano, il.
0752	Real Jockey Club (1954), *Crónica de la Semana del Caballo en Jerez 1954*. Real Jockey Club, Jerez, [1954], 240 p. + il. (faltan las 70 primeras págs.).
0063	Real Jockey Club (1954), *Programa oficial de la «Semana del Caballo en Jerez»*, que se celebrará en los días 5 al 13 de mayo de 1954. Jerez: Jerez Gráfico, 159 p.
4024	Marín Carmona, José (1999). *Pregón de la Feria del Caballo 1999*. Jerez, 35 pp.
4025	Ayuntamiento de Jerez (1985). *Feria del Caballo. Jerez, 1985*. Dedicada a Madrid. Abril-mayo. Jerez: Ayto. de Jerez, 24 pp., il.
4026	Ayuntamiento de Jerez (1987). *Feria del Caballo. Jerez, 1987*. Dedicada a Bristol. 12/17 de mayo. Jerez: Ed. Ayto. de Jerez, 40 pp., il.
4027	Ayuntamiento de Jerez (1987). *Feria del Caballo 1987*. Revista municipal El Gallo Azul, mayo 1987. Jerez: Ed. Ayto. de Jerez, 13 pp., il.

4028	Ayuntamiento de Jerez (1988). *Feria del Caballo. Jerez, 1988.* Dedicada a la ciudad de Miami. Jerez: Ed. Ayto. de Jerez, 44 pp., il.
4029	Diario de Jerez (1988). *Feria del Caballo. Jerez, 1988.* Dedicada a la ciudad de Miami. Jerez: Ed. Ayto. de Jerez, 37 pp., il.
4030	Ayuntamiento de Jerez (1984). *Feria del Caballo. Jerez, 1984.* Dedicada a Cataluña. Jerez: Ed. Ayto. de Jerez, 28 pp., il.
4031	Ayuntamiento de Jerez (2014). *Feria del Caballo. Jerez, 2014.* Jerez: Ed. Ayto. de Jerez, 44 pp., il.
4032	Diputación de Cádiz (1986). *Feria del Caballo. Jerez, 1986.* Concurso de Saltos Internacional, Cádiz: Diputación de Cádiz, 52 pp., il.
4033	Ayuntamiento de Jerez (1986). *Feria del Caballo. Jerez, 1986.* Concurso de Saltos Internacional. Jerez: Ayuntamiento de Jerez, 32 pp., il.
4034	Ayuntamiento de Jerez (1980). *Feria del Caballo. Jerez, 1980.* Dedicada a Radio Televisión Española. 28/IV a 11/V de 1980. Jerez: Ayuntamiento de Jerez, 32 pp., il.
4130	Esteve Guerrero, Manuel (1954). *Catálogo de la exposición bibliográfica Semana del Caballo en Jerez, 1954.* Jerez: Jerez Gráfico, 15 pp.
3126	Castaño Rubiales, José (2013). *El caballo negro de Santiago. Breve historia del templo de Santiago del Real y Refugio de Xerez de la Frontera.* Autoed., Jerez, 106 pp.
2174	López Guzmán, Rafael (coord.) (1995). *Al-Andalus y el caballo.* Barcelona: Lunwerg, Barcelona, 284 pp., il.
2388	García Rodríguez, José Carlos (1995), *Las carreras de caballos de Sanlúcar de Barrameda, 1845-1995 (150 aniversario).* Sanlúcar de Barrameda: Soc. Carreras Caballos Sanlúcar de Barrameda, 145 pp., il.
2396	García Rodríguez, José Carlos (2001), *Las carreras de caballos de Sanlúcar de Barrameda.* Sanlúcar de Barrameda: Pequeñas Ideas, 190 pp., il.
4428	Mesa y Pastor, José de (1858), *El caballo español considerado como caballo de guerra… Memoria del general francés M. Daumas… Cartas de Abd-el-Kader.* Cádiz: Imp. de la Revista Médica, 56 pp.

II. Archivos históricos reservados

C. 1, n.º 90:	Requisición general de caballos de Jerez de la Frontera. Marzo-abril de 1867. (Aparecen descripción de caballos y gráfico de su hierro).
C. 2, n.º 59:	Carta del general Narváez pidiendo a Jerez 40 caballos útiles para la persecución de la facción de Gómez. Arcos de la Frontera, 1836. 2 hojas, 21 × 14,5 cm. Autógrafo de Ramón María Narváez.
C. 7, n.º 18:	Sobre el establecimiento de un depósito de caballos en esta ciudad, para la cría y fomento de esta especie. Jerez, 1841. 19 hojas.
C. 8, n.º 19:	Hacimiento del servicio que la ciudad hizo a S. M. de cantidad de dinero para caballos destinados a la remonta de la caballería de sus reales ejércitos. 1709-1710. 32 hojas.
C. 10, n.º 3:	Autos y hacimiento hechos en virtud de real facultad para el asiento y formación del vestuario y caballos que debe aportar Jerez por orden de S. M. para su regimiento de milicias. 1734-1736. 81 hojas.
C. 10, n.º 10 bis:	Orden del Consejo sobre el método y forma con que se han de celebrar en Jerez, en los días de fiesta por la tarde y los tres de carnaval, las diversiones de manejo de caballos, escaramuzas o parejas, y por qué sujetos se han de gobernar dichas funciones. Madrid, 1784. 162 hojas.
C. 12, n.º 35:	Autos y cuentas que se formaron para el servicio que esta ciudad de Jerez de la Frontera hizo a S. M. de cuatro compañías de caballos. 1706. Sin foliar, encuadernado. (Nota: hay gráficos de los hierros caballares).
C. 16, n.º 8:	Comunicación a Jerez de la gratitud del rey por el regalo que, con motivo de su enlace matrimonial, le hizo la ciudad: 50 potros andaluces y 2 caballos de montar. 1830. 1 hoja.
C. 22, n.º 11: f.º 242:	Depósito de caballos sementales. Acuerdos. 1876-1880.

III. *Legajos y expedientes*

LEG	EXPE	ASUNTO	AÑOI	AÑOF
0129	03934	Libro registro de caballos.	1619	
0278	08453	Sobre apronto de caballos para la Caballería de la Costa.	1715	
0288	08582	Suministro de paja a los caballos del ejército.	1725	
0010	00373	Reintegro al Marqués de Villapanés de lo por él suplido para gastos del Regimiento de Milicias y compra de caballos.	1735	1748
0120	03705	Prohibición de la venta de caballos útiles para las tropas, de uno, dos y tres años.	1735	
0201	05980	Denuncia hecha por Andrés Benítez, arrendador de la medida de medir granos, contra José Caballo por exportación de trigo por el río del Portal.	1744	
0288	08598	Para los gastos que es indispensable causar en la siembra de forraje que para seis compañías de caballos se manda hacer.	1756	
0288	08603	Para la siembra de forraje para seis compañías de caballos de la Real Tropa acuartelada en esta ciudad.	1758	
0878	19416	Orden del Real Consejo de Hacienda para que se secuestre la jurisdicción del cortijo de Los Arquillos, su poseedor Diego de Morla Villavicencio.	1762	
0124	03805	Autos para el señalamiento de una dehesa de yeguas para el cuidado de la raza y cría de caballos según manda el rey.	1764	
0113	03473	Bienes de la Compañía de Jesús. Reclamación de A. Alcántara de ser de su propiedad un caballo para la guarda de los ganados del Colegio.	1767	

0120	03711	Orden para que se forme el registro de yeguas y caballos de esta ciudad y pueblos de Arcos, Bornos, Villamartín y Espera.	1768	
0120	03715	Que el Gremio de Criadores de Yeguas nombre un perito para que asista al registro de caballos padres.	1770	
0120	03716	Real Orden para que los registros de caballos padres se hagan dos veces en cada año.	1771	
0241	07274	Que no se permita entrar a la ciudad con el ganado a caballo ni a pie a excepción de los encerradores y demás que expresa.	1772	
0120	03720	Remisión a la Corte del registro de yeguas y caballos padres de esta ciudad y de su partido.	1774	
0120	03721	Real Ordenanza de Caballería de 25 de abril de 1775 (impreso: «Real Ordenanza para el régimen y gobierno de la cría de caballos de raza en Andalucía».)	1775	
0120	03722	Remisión a la Corte del registro de yeguas y caballos padres de esta ciudad y de su partido.	1775	
0289	08622	José M.ª de Villavicencio, dueño de la fuente de San José en el Llano de Santo Domingo, sobre el abrevar los caballos del ejército en dicha fuente.	1775	
0293	08724	A instancia de varios hornijeros (cargadores de leñas para los hornos de pan) sobre agravio en los repartimientos de caballos para bagajes.	1777	
0289	08623	Suministro de paja para los caballos el rey que se hallan en esta ciudad, la de Sanlúcar, Cádiz y San Fernando.	1780	
0414	10940	El caballero Síndico Personero pide se le abone el alquiler de varios caballos que se usaron para la prisión de vagos y maleantes.	1781	

0293	08728	Providencia del Corregidor para evitar los desórdenes ocurridos sobre la contribución de embargos de carretas y caballos para bagajes.	1781	
0051	01430	Para que se desembarguen libremente los bienes que tenía secuestrados Dña. M.ª Josefa de la Canal, asentista que fue de la Renta del Aguardiente.	1783	
0152	04616	Reglamento de lo que deben llevar por legua los dueños de las berlinas, sillas y caballos.	1784	
0121	03731	A instancia de Juan Jorge Yanque, vecino de Cádiz, para sacar tres caballos al reino de Francia.	1785	
0152	04626	Se ponga en uso para tránsito de caballos y carretas cargados una hijuela en el pago de Largalo.	1787	
0121	03733	Real Ordenanza para el régimen y gobierno de la cría de caballos de raza en los reinos de Andalucía, Murcia...	1789	1806
0212	06322	Culpados por el rompimiento de farolas del alumbrado y escándalo de correr caballos.	1791	
0121	03739	A instancia de Bartolomé Dávila de resultas de haberle reprobado 2 caballos en el registro que se está practicando.	1797	
0121	03746	Cumplimiento de Real Orden referente a caballos padres.	1798	
0121	03748	Copia del acta de visita de Antonio Maestre sobre el registro de caballos padres y yeguas (plano/dibujos de los hierros)	1799	
0121	03753	A instancias del Marqués de Villa Panés sobre que la monta hecha por sus caballos a las yeguas de varios vecinos fue hecha sin defecto alguno.	1800	
0289	08624	Sobre la entrega de cebada por vía de préstamo para el socoro de los caballos el rey.	1800	

0122	03754	Francisco Bello para que se le tenga por criador de yeguas. A instancia de León Terrón sobre aprobación de dos caballos para padre.	1801	
0122	03755	El Marqués de Villa Panés pide que criadores de ganado yeguar manifiesten los caballos con que benefician sus yeguas.	1801	
0122	03756	El Marqués de Villa Panés para que la justicia de Trebujena ponga testimonio del registro de caballos padres.	1801	
0122	03757	Ángel Fco. Neto sobre aprobación de un caballo padre.	1801	
0131	03939	Registro general de caballos padres, yeguas, potrancas, etc. (con datos de Espera, Bornos, Villamartín y Arcos)	1801	
0131	03940	Registro de caballos padres.	1802	
0131	03941	Registro de caballos padres.	1803	
0122	03764	Orden del Supremo Consejo de la Guerra para que se dé razón de las yeguas de caballo y los que hay preparados para beneficiarlas.	1804	
0122	03765	A instancia de Antonio Carranza para registro de un caballo padre.	1804	
0122	03766	A instancia del caballero Manuel del Calvario Ponce de León sobre registro de los caballos padres del Marqués de Villa Panés.	1804	
0132	03942	Registro de caballos padres. (con datos de Espera, Bornos, Villamartín y Arcos)	1804	
0125	03841	Diligencias s/ el hallazgo de un caballo hallado en la dehesa de potros de las Quinientas.	1805	
0132	03943	Registro de caballos padres, yeguas y demás ganado de esta especie (con datos de Espera, Bornos, Villamartín y Arcos)	1805	

0133	03944	Registro de caballos padres, yeguas y demás ganado de esta especie (con datos de Espera, Bornos, Villamartín y Arcos)	1806	
0122	03771	Que se reconozcan los caballos que necesitan los criadores para padres.	1808	
0122	03774	Orden del Consejo de Guerra para que los autos que se le remitan relativos a caballos se franqueen en el Correo a costa de las Partes.	1809	
0122	03775	A consecuencia de memoriales de 4 criadores de yeguas s/ que del fondo del ramo se satisfaga cuota al dueño del caballo que las benefician.	1809	
0122	03777	Con motivo de la comisión del Capitán de Caballería Alonso Carmona sobre caballos padres y potros.	1809	
0284	08551	Para efectuar una nueva requisición de caballos.	1809	
0281	08492	Para la recaudación de los caballos de los soldados del ejército insurgente.	1810	
0281	08493	Para el secuestro de los bienes de Nicolás Blanco, por orden del Comisario Regio Joaquín María Sotelo.	1810	
0281	08494	Secuestro de vino y vinagre de los almacenistas de Cádiz en Jerez.	1811	
0125	03846	Que se tengan por acotadas y defendidas las dehesas destinadas para pasto y aprovechamiento de caballos y yeguas.	1814	
0133	03945	Registro de caballos padres, yeguas y demás ganado de esta especie (con datos de Espera, Bornos, Villamartín y Arcos)	1815	
0133	03946	Registro de caballos padres, yeguas y demás ganado de esta especie (con datos de Espera, Bornos, Villamartín y Arcos)	1816	

0122	03779	En virtud de Real Orden e Instrucción para recaudación del arbitrio aprobado para la cría de caballos y su fomento.	1817	
0134	03947	Registro de caballos padres, yeguas y demás ganado de esta especie	1817	
0134	03948	Registro de caballos padres, yeguas y demás ganado de esta especie	1818	
0134	03949	Registro de caballos padres, yeguas y demás ganado de esta especie	1819	
0284	08552	Para la venta de seis caballos y otros efectos ordenada por el teniente coronel Carlos Porta.	1822	
0123	03787	El Consejo de Guerra pide se le remita relación de yeguas a beneficiar, número y aptitud de caballos padres, etc.	1829	
0103	03078	Obligación, el Ayuntamiento a Cayetano Espinosa de los Monteros por donativo al rey de vino y caballos por la boda con doña M.ª Cristina de Borbón.	1830	
0008	00357	Depósito de un caballo encontrado en el cortijo de Espartinas.	1832	
0123	03798	Estados generales del ganado yeguar y caballos de raza del reino (relaciones impresas).	1833	
0123	03799	Remisión a la Junta de Caballería del Reino el registro de caballos padres.1833	1833	
0284	08553	Requisición de caballos para el ejército.	1836	
743	16630	Requisitoria de caballos por parte de la Comisión del Ayuntamiento manda ejecutar por orden de la Excma. Junta de Armamento y Defensa.	1836	
0284	08554	Copia del estado general de los caballos de la ciudad de Jerez que se han requisado en la del Puerto de Santa María.	1837	

0134	03951	Registro de caballos padres y yeguas cerriles de esta ciudad y su término.	1838	
0134	03954	Registro de caballos, de tres a cuatro años, domados que existen en esta ciudad y su término.	1838	
0134	03955	Registro de caballos, de cuatro a siete años, domados que existen en esta ciudad y su término.	1838	
0134	03956	Registro de caballos, de siete años en adelante, domados que existen en esta ciudad y su término.	1838	
0284	08555	Requisición de caballos.	1838	
0285	08556	Copia del estado general de los caballos de la ciudad de Jerez.	1838	
0285	08557	Copia del estado general de los caballos de la ciudad de Jerez.	1838	
0017	00504	Ramón de Arce solicita el abono de cantidad de reales por pérdida de un caballo en la expedición que hizo la Milicia de Caballería a Córdoba.	1840	
0285	08559	Requisición de caballos.	1843	
0312	09321	Pedro Manuel Monti pide indemnización de los 50 potros (caballos) que su señor padre donó al rey.	1850	
0409	10905	Ramo separado de principal de arbitrios para cubrir el déficit del Presupuesto Mpal del corriente año (subasta de carruajes y caballos de lujo).	1855	
0409	10907	Subasta del impuesto de carruajes y caballos de lujo.	1855	
0096	02885	Instancia de Gaetano Ciniselli sobre ocupación del solar de San Francisco para un circo ecuestre (caballos)	1862	
0291	08706	Para que se abone a los posaderos el alojamiento extraordinario de los caballos.	1865	

0291	08709	Diario de alojamiento extraordinario de caballos en las posadas.	1867	
0417	11005	Expediente relativo al secuestro de varias partidas de aceite procedentes de Arcos.	1871	
0536	12709	Relación de carruajes de lujo, caballos de silla, carros y carretas de transportes e industriales, inscritos en la matrícula del Subsidio.	1872	1873
0340	10059	Actos benéficos en el Circo Ecuestre a beneficio del Asilo de Mendicidad.	1872	
0285	08560	Requisición de caballos (1.ª pieza)	1873	
0285	08561	Requisición de caballos (2.ª pieza)	1873	
0172	05351	Celebración de una exposición local de caballos para solemnizar la visita de SS.MM. A esta ciudad.	1882	
0018	00566	Subasta de un caballo tordo claro, con el hierro B, encontrado en el Olivar de as Quinientas.	1883	
0260	08075	Obras a ejecutar en cuartel de Pza. Alfonso XII o Arenal para oficinas del 1.º Depósito de Caballos Sementales.	1898	
0617	14456B	Caballerías y reses extraviadas. Averiguación de quién sea el dueño de un caballo castaño que se halló en el arrecife de Sevilla.	1903	
0450	11280	Contrata de 50 plazas para caballos domados, como primera parte del proyecto de Exposición de Ganados en el Parque González Hontoria (plano).	1908	
0483	11940	Solicitud del Ayuntamiento de Sanlúcar interesando una copa para el Premio Jerez de las carreras de caballos.	1950	
0483	11943	Escrito del Comité de Carreras de Caballos de Cádiz solicitando una copa.	1950	

- 1193, 24956-24958: Premio Jerez para las carreras de caballos de Cádiz y Sanlúcar; Hermandad de Hermandad de Ntra. Sra. del Carmen solicita autorización procesional (Fiestas y Solemnidades). 1948.
- 1383, 27.035-36: Trofeo Carreras de Caballos de Sanlúcar, 1953.
- 1383, 27.037: Real Jockey Club, 1953
- 1383, 27.038: IDEM, 1953
- 1383, 27.039: Petición Subvención Real Jockey Club, 1953
- 4279/2278/51046-51056/ P.U. - /1968/1972 …

Proyecto de mercado exposición de ganado «casa del caballo» en parque González Hontoria (varios planos)

- L. 4839: Feria del Caballo (y otros papeles sin ordenar), 1972.
- L. 4840: Feria del Caballo (y otros papeles sin ordenar), 1971.
- L. 4841: Feria del Caballo, 1970.
- L. 4842: Quinta Exposición de Maquinaria Agrícola e Industrial, 1969. Feria del Caballo, 1970-1971.
- L. 4843: Feria Del Caballo, 1969.
- L. 4844: Feria de la Primavera, 1968-1969.
- L. 4845: Feria del Caballo, 1968.
- L. 4846: Feria del Caballo, 1968.
- L. 4847: Feria del Caballo, 1967.
- L. 4849: Feria del Caballo, 1966-1967.
- L. 4850: Feria del Caballo, 1966.

IV. Colección de recortes de prensa

Autor	Título	PE	Fecha
Plata, Juan de la	Prolongación de la vía de caballos de jerez	DJ	21/04/91
Bruselas\efe	Los caballos andaluces podrán circular libres	GU	05/10/93
Redacción	Salón internacional del caballo	GU	24/11/93
Molina, R. de	Carreras de caballos	DJ	
Molina, R. de	Feria del caballo/El Símbolo	DJ	15/05/88
Plata, Juan de la	Carreras de caballos en la alcubilla	DJ	21/08/88
Redacción	Mueren más caballos en la prov. peste equina	DJ	30/11/88
Plata, Juan de la	La fama de los caballos de jerez	DJ	07/02/89
Molina, R. de	Feria del caballo - postales de otras ferias	DJ	30/04/89
Redacción	Las carreras de caballos de Sanlúcar, 1845	GU	26/08/90
García del barrio, I.	Las carreras de caballos de Sanlúcar.	DJ	30/08/90
Jiménez Benítez, M.	El caballo en la provincia de Cádiz	DJ	17/11/91
Molina, R. de	El monumento al caballo - Navarro Santafé	DJ	21/05/92
Navas, R.	Escaramuzas en la plaza -jinetes y caballos	DJ	04/10/92
Redacción	El mundo del caballo	GU	24/09/91
Lastra y Terry, J. de	El caballo español o andaluz	GU	16/02/92
Atienza, R.	Genealogía del caballo «cartujano»	GU	23/04/92
Atienza, R.	Caballos del mundo	GU	23/04/92
Delgado, A.	El caballo de oro para la escuela de Viena	IJ	02/07/94
Diario de Jerez	Feria del caballo - la difusión de la fiesta	DJ	80/05/94
González Vega, F.	La cartuja y el caballo, símbolos universales	IJ	23/05/94
Campoy Miro, D.	Plaza del caballo	GU	17/06/93
Redacción	Los caballos jerezanos en el salón «SICAB 92»	GU	16/10/92
Bruselas\efe	Los caballos andaluces podrán circular libres	GU	05/10/93
Lozano, M.E.	La muestra Al-Ándalus y el caballo	GU	29/12/94
información	Caballos cartujanos desde el siglo XV	IJ	195

P.N.	Cómo eran los caballos andaluces	DJ	07/04/95
Plata, Juan de la	Las carreras de caballos en Jerez	DJ	10/10/93
Corrochano, G.	Lo que cuentan de Álvaro Domecq sus Caballos	SM, V. 5, P. 287	26
Ilustración	Feria del caballo	SM	26
Ilustración	Coche de caballos enjaezados y caballistas	SM	26
García-Pelayo, A.	Caballos de bella estampa, criados y domados	SM	37
García-Pelayo, A.	El caballo cartujano, logrado por los frailes	SM	37
La Voz del Sur	Convocatoria premio caballo de oro para 1969	SM	37
La Voz del Sur	Los caballos portugueses en Jerez – 1970	SM	37
La Voz del Sur	Feria del caballo – 1970	SM	37
La Voz del Sur	Características patológicas del caballo, 1970	SM	37
La Voz del Sur	Tronco de caballos castaños - feria 1970	SM	37
La Voz del Sur	Jerez y sus caballos – 1970	SM	37
La Voz del Sur	Octavas reales por el caballo de Jerez, 1970	SM	37
ABC	Bendición de los caballos - 1963	SM	37
Ayer	De Jerez a Madrid, 700 km. A caballo	SM	37
España	Jerez y su semana del caballo, 1969	SM	37
González Vega, F.	La Cartuja y el caballo símbolos universales	IJ	23/05/94
Plata, Juan de la	Las primeras carreras de caballos en caulina	DJ	09/07/95
G.M	Primera operación convertir en yegua a un caballo	DJ	30/11/95
Redacción	Un día en las carreras de caballos de 1925	DJ	16/02/94
Plata, Juan de la	Los caballos en las ferias de antaño	DJ	08/05/94
P.N	Cómo eran los caballos andaluces	DJ	07/04/95
Plata, Juan de la	Corridas, carreras de caballo y polo s. XIX	DJ	09/07/95
J.A.B	Caballos jerezanos triunfadores en Francia	DJ	08/07/94
Lozano, M.E	Muestra «Al-Ándalus y el caballo»	IF	29/12/94
Plata, Juan de la	El caballo, en el Jerez de la primera mitad de siglo	DJ	25/05/97
Nicasio, Eva	A caballo hasta el 2002	IJ	17/05/98
Redacción	Feria del caballo 1999 (suplemento)	DJ	09/05/99
Segura, Margarita	El reglamento fantasma (f. del caballo 2000)	DJ	12/04/00

Piedras, C.	Un caballo «pericón», motivo feria 2001	DJ	14/03/01
Martínez, J.M.	Amplia serie de sellos. Caballos cartujanos	IJ	21/12/98
Plata, Juan de la	Los alcaldes caballos	DJ	15/11/98
Rivero Merry, Luis	Las guarniciones. a caballo de la fiesta	DJ	15/05/01
Benjumeda, Raquel	De uno a siete caballos de potencia	DJ	19/05/01
Nieto, Pilar	Un museo del caballo y hasta un hotel	DJ	10/06/01
Redacción	Exposición filatélica con motivo de la feria del caballo	DJ	07/05/87
Molina, Rodrigo de	Carreras de caballos (III)	DJ	01/06/87

Capítulo 7
La actualidad del caballo en Jerez de la Frontera

El caballo en Jerez después de los juegos ecuestres 2002

Los Juegos ecuestres de Jerez, contrariamente a lo que se pensaba, supuso en la ciudad, al menos temporalmente, casi un fin de fiesta en lo que respecta al apoyo social por el caballo (véase el documento escrito por Francisco Romero el 10 de septiembre de 2002, reproducido con anterioridad, en capítulo 7). Esto ocurrió especialmente durante los primeros años tras la celebración del magno acontecimiento, luego las aguas volvieron a su cauce e incluso rebosaron sus límites naturales, pues aquella primitiva desidia se ha solucionado con la aparición de numerosas nuevas yeguadas dispersas por tierras de Jerez, alrededor de las cuales se cifran sus correspondientes aficionados. Además, algunos jinetes de "la Escuela" en su tiempo libre se han encargado de fomentar esta afición y muy especialmente en lo que respecta a la disciplina hípica de doma.

No obstante, ya se vislumbra el año 2031, donde existe la aspiración municipal de alcanzar la celebración de ciudad europea de la cultura: «Jerez ciudad Cultural Europea». Otra gran fecha con la que deslumbrar al personal, pues mientras las autoridades locales lo han tomado como una meta que sobrepasar, los vecinos están seguros de obtener la adjudicación de este logro. Para la obtención de esta distinción europea, todos los jerezanos se conjuran alrededor de una de sus principales fortalezas: el mundo del caballo.

Ahora bien, quede claro que de toda la industria ecuestre jerezana en el presente siglo (XXI) tan sólo han seguido funcionando con asiduidad tres instituciones capitales: I. la Yeguada militar (Centro militar de Cría Caballar de Jerez); II. la Real Escuela de Arte Ecuestre de Jerez, y III. La Yeguada del Hierro del Bocado. Estas tres dependencias, organizadas a finales del siglo XX, tienen presupuestos garantizados, al ser provenientes de las arcas del Estado, y ellas son lo suficientemente potentes como para seguir soportando en el futuro, el envite de Jerez y el caballo.

Los tres pilares actuales de Jerez y el caballo

Cría caballar

Respecto a Cría caballar, es decir el Ministerio de Defensa –los militares–, en la década de los noventa de finales del siglo pasado su Secretaría General Técnica tomó cartas en el asunto y remodeló en España sus propias dependencias generando sobre lo hasta entonces existentes, tres Centros militares de Cría Caballar: Jerez, Écija e Íbio, acompañados estos de algunas dependencias complementarias.

De lo relacionado con los militares en Jerez, lo que a nosotros nos interesa funciona como Centro Militar de Cría Caballar de Jerez, desde donde se gobierna la yeguada militar de Vicos y el Depósito de Sementales[133] situado en Garrapilos.

Respecto a lo existente en Córdoba (ya en 1956 había desaparecido Moratalla), no era poco el patrimonio cordobés que se trasladó en 1995 a Écija, desde luego no sin la consiguiente resistencia de la sociedad cordobesa. En el Norte se configuró otro Centro, el Centro militar de Íbio (Santander). Además, en Ávila junto a la cría y amaestramiento de perros funciona otro Depósito de sementales.

Figura 57. Portada de entrada a la Yeguada militar de Jerez. Cortijo de Vicos.

133　Los primeros años tras la restructuración, ante la oposición del alcalde Pedro Pacheco y de la propia ciudad, se mantuvo el depósito en el antiguo Jockey Club, hasta su traslado definitivo al cortijo de Garrapilos.

La cría caballar hasta mediados del siglo XX

Luces y sombras de la administración militar en la dirección y fomento de la cría caballar.

En la península ibérica, desde la época de los íberos hasta pasada la mitad del siglo XX –cuando el arma de caballería fue dotada con carros para el combate–, la guerra, y por tanto los ejércitos, siempre se conformaban con importantes cuerpos de caballería, los cuales generalmente resultaban decisivos para la suerte del combate. Para ello, la caballería contaba siempre con la pertinente provisión –directa o adquirida– de caballos. Esta dependencia, sin embargo, se convirtió en responsabilidad a partir de 1864, cuando Narváez encargó al Ramo de la Guerra la Cría y Fomento Nacional del Caballo. La competencia militar sobre la cabaña equina nacional se mantuvo hasta los albores del siglo XXI. Es sobre esta etapa –o más bien sobre la trascendencia de la cría caballar en «manos de los militares» durante el siglo XX– sobre lo que brevemente me dispongo a comentar.

En el primer tercio del siglo XX, cría caballar estaba fundamentada sobre la Yeguada Nacional ubicada en Moratalla (Hornachuelos y Posadas de Córdoba) y a partir de los años veinte también se criaba en Medina Sidonia (Cádiz) y luego en Jerez. Estas yeguadas, se complementaban con Depósitos de Sementales distribuidos por toda la península. Así, a los cuatro primeros Depósitos de Jerez, Córdoba, Úbeda y Valladolid, que ya funcionaban en el último tercio del siglo XIX, se le añadieron en la primera quincena de siglo XX el funcionamiento de otros en Alcalá de Henares (Madrid), Hospitalet de Llobregat (Barcelona), Garrapinillos (Zaragoza), Bétera (Valencia) y algo más tarde en León y Santander. Estos depósitos en época de cubrición distribuían sus ejemplares por todo el territorio nacional.

La Segunda República mantuvo una estructura de Cría y Fomento Caballar similar a la del siglo XIX, aunque trasladó su competencia del Ministerio de la Guerra al Ministerio de Fomento y, posteriormente, al de Agricultura. La nueva perspectiva política de aquel régimen generó la sustitución, en la institución, del personal de armas por veterinarios y personal civil cualificado, y consideró, dado el interés nacional y social para el Estado, someter a expediente de expropiación la «Hacienda de Moratalla», que hasta entonces había estado contratada en forma de arrendamiento al marqués de Viana. Estas innovaciones republicanas acarrearon, tras la contienda, la consabida revancha sobre algunas instituciones y personas que en aquella etapa asumieron dichas responsabilidades.

Figura 58. Yegua criando a su potro en el cortijo de Vicos.

En la posguerra, la Yeguada Nacional pasó a denominarse Yeguada Militar y, tras desalojar Moratalla en 1956, se configuró definitivamente en las fincas de «Vicos» y «Garrapilos» en Jerez (Cádiz); «La Turquilla» y «La Isla» en Écija (Sevilla); «Ibio» (Cantabria) y «Loretoki» (San Sebastián). Además, se mantuvieron los Depósitos de Sementales e incluso se abrieron nuevas secciones en las islas: Manacor (Mallorca) y Hoya Fría (Tenerife). En 1995, ante los recortes presupuestarios, se produjo una profunda reestructuración que obligó al traslado del personal, los caballos y los enseres del 7.º Depósito de Sementales –ubicado en las Caballerizas Reales de Córdoba– a la ciudad de Écija (Sevilla).

En esta segunda etapa de administración militar, cabe destacar que, durante la década de los cuarenta –en plena depresión económica de la posguerra–, así como en las décadas de los cincuenta y sesenta –cuando el sector se vio sometido a una profunda crisis debido a la imposición de la automoción sobre la fuerza de herradura–, la gestión militar jugó un papel decisivo en la conservación de la cabaña equina nacional. Las yeguadas se mantuvieron como reductos raciales de calidad dentro del sector ganadero, y los Depósitos –con la consiguiente dispersión durante los meses de cubrición de paradas por pueblos y explotaciones equinas de mediano tamaño– mantuvieron el servicio reproductor y asistencial de la cabaña nacional.

En esta dispersión de sementales, por su efecto padreador, cabe destacar algunos ejemplares –especialmente de raza andaluza– que, bien criados en la Yeguada Militar o adquiridos a ganaderos para la reproducción, han tenido una especial trascendencia en el devenir de la propia raza, debiendo ocupar por ello un lugar de honor en la memoria del propio ganadero. En este sentido, cabe mencionar, en una primera época, a Maluso, de Yeguada Militar (hijo, a su vez, de Hechicero, de Hnos. Guerrero), así como a Hacendoso y Osco II (ambos de Terry), Juglar (de Fco. Chica) y Navarro (de Marín Ayala). En la siguiente generación de padreadores, destacan Argente y César (ambos de Yeguada Militar e hijos de Maluso), así como Descarado (de Terry) y Albero (de Fco. Laso); y, con posterioridad, Genson, Levitón y Deco (los tres de Yeguada Militar).

Figura 59. Sementales de P.R.E. en una exhibición en la pista del cortijo de Vicos.

A partir de los años setenta, mi opinión sobre las consecuencias de esta situación administrativa respecto al caballo resulta bastante desfavorable. Coincide esta época con el resurgir del sector, tras acomodarse éste a su nueva perspectiva de deporte y ocio. Además, en aquellos años, se constituye la ANCCE (Asociación Nacional de Criadores de Caballos Españoles), y después se crea en Jerez, la Real Escuela de Arte Ecuestre. Las ganaderías equinas, especialmente las del caballo andaluz, comienzan a crecer en número de ejemplares, así como en explotaciones. Los ganaderos crían, ahora, más y mejor y los ejemplares más cotizados de cada raza están en manos privadas por tanto no procedía invocar en aquellos momentos el mantener esta hegemonía estatal al proteccionismo racial, pues por lo antes aludido no era necesario, y por otra parte el régimen político que se dieron los españoles en aquella década generó un Estado de corte liberal. Ello implicaba que la mejora animal, en este caso mejora equina, correspondía a la competencia empresarial del ganadero y no al mal entendido, por algunos, proteccionismo estatal.

Por otra parte, los militares, para cumplir su principal misión, también habían cambiado sus hábitos ecuestres: ahora el ataque veloz debía realizarse mediante el carro de combate o el helicóptero. Por este motivo, se cerró la Escuela de Equitación del Ejército (en Madrid) e, incluso, la gran mayoría de los militares del arma de Caballería consideraron que el caballo había quedado desfasado para sus objetivos profesionales. Solo algunos oficiales de elevada graduación de esta arma se mantuvieron anclados en el pasado, reivindicando su competencia sobre el fomento equino, aunque, a decir verdad, en muchos de ellos privaba más su interés por un destino cómodo o su afición hípica que una auténtica y eficaz labor militar. Para establecer un parangón de esta situación –pero en positivo–, podemos observar el proceso seguido por el ejército en Francia, donde, por aquellos años (los sesenta del pasado siglo), los escasos militares que optaron por seguir trabajando a favor del caballo y la equitación –como en la *École nationale d'équitation* de Saumur– pasaron al régimen civil como funcionarios cualificados.

Luego con el tiempo, esta situación anacrónica de contradicción profesional fue a peor, pues las Asociaciones y los ganaderos siguieron creciendo, y los militares reculando y defendiéndose de todo y de todos. Unos, especialmente los ganaderos de P.R.E. (caballo andaluz), querían gobernar y dirigir el Libro genealógico y el plan de mejora de su raza, los otros, con el paso del tiempo cada vez quedaban más desautorizados moral y económicamente, tan sólo contaban para mantener aquella situación, con la pasividad del Ministerio de Agricultura que eran los responsables de esta competencia administrativa. Como argumentación, aducían que ellos por su profesionalidad (aunque técnicamente no tenían una cualificación específica), podían ser garantes de no se sabe muy bien qué. Lo cierto es que el Ministerio de Defensa prolongó indebidamente su responsabilidad en el tiempo sobre el caballo, y aún estamos expectantes de cómo se resolverá definitivamente el traslado a la sociedad civil del archivo documental con que cuentan, o deberían contar desde 1864.

Frente al inmovilismo desplegado en estos últimos años por los militares en Cría caballar, –los cuales solo tienen en su haber el haber criado a Evento, un caballo que obtuvo diploma olímpico en doma en los Juegos Olímpicos de Atlanta 96–, el sector ganadero ha mantenido un rumbo constante de progreso, obteniendo éxitos sociales y económicos de gran resonancia. Entre estos cabe destacar la organización en Sevilla, desde 1991, del SICAB (Salón Internacional del Caballo);

Figura 60. Potra mamando a una yegua de Yeguada militar en las instalaciones del cortijo de Vicos.

la organización y los éxitos deportivos de los Juegos Ecuestres Mundiales de Jerez, en 2002; la consecución de la medalla de plata por equipos y de bronce individual en doma, en los Juegos Olímpicos de Atenas; y la proliferación de ferias y concursos morfológicos por toda la geografía nacional. Incluso en Córdoba, el sector, para ser más operativo, se agrupó en Córdoba Ecuestre, la cual, desde su fundación en 1996, mantiene una línea ascendente y progresiva.

En cualquier caso, los mismos militares que hasta casi los años setenta del siglo pasado estaban en plena actividad, han perdido mucha de aquella vigencia, empezando porque el libro genealógico de la raza del caballo P.R.E., desde primeros de siglo (2002) ha cambiado de manos, encargándose la ANCCE de la llevanza de su propio libro.

Figura 62. Caballo semental de P.R.E. exhibiéndose en la pista del cortijo de Vicos.

Los servicios que proporciona este centro son, en primer lugar, los implícitos en la misión de la Yeguada Militar: la crianza, selección y puesta a disposición de los Ejércitos, de la Guardia Real, y de las unidades, centros y organismos que, en el ámbito del Ministerio de Defensa, puedan determinarse, del ganado equino necesario para el cumplimiento de sus fines.

Por tanto, el CMCC de Jerez como parte del servicio de Cría Caballar de las Fuerzas Armadas dota de ganado a las Fuerzas y Cuerpos de Seguridad del Estado y de las Administraciones Públicas y de otros entes públicos, mediante los pertinentes convenios suscritos por el Ministerio de Defensa, así como colabora con otras entidades públicas y privadas en actividades propias del sector caballar.

Concretamente el CMCC de Jerez en 2024 ha realizado 864 cubriciones a distintos ganaderos y participa en convenios con instituciones públicas y privadas (REAAE, universidades españolas). En 2024 también ha desarrollado talleres de empleo de profesiones propias del sector equino, así como ha realizado actos concretos de colaboración con organismos y autoridades civiles de la zona.

Actualmente, la plantilla de sementales está compuesta por veintitrés ejemplares de Pura Raza Española, seis de Pura Raza Árabe, dos Hispano-árabes y un Anglo-árabe. En cuanto a las yeguas madre, se contabilizan cien de Pura Raza Española y ocho de Pura Raza Árabe.

Figura 63. Vista aérea de las instalaciones del cortijo de Garrapilos.

Figura 64. Caballo semental de raza árabe perteneciente a la Yeguada militar de Jerez.

Respecto a las otras dos dependencias reseñadas –la Real Escuela de Arte Ecuestre de Jerez y la Yeguada del Bocado–, ambas instituciones se originaron a finales del pasado siglo, dado que ya iniciaron su desarrollo en ese período (véanse los capítulos V y VI, respectivamente, en el apartado correspondiente al siglo XX).

• La Real Escuela de Arte Ecuestre de Jerez

Figura 65. Logotipo de la Real Escuela.

La Real Escuela de Arte Ecuestre de Jerez mantiene ahora y para el futuro un gran número de actividades que permiten el desarrollo de sector. Entre las mismas cabe destacar:

1) Exhibiciones. Principal seña de las actividades de la Escuela, siendo la evolución en el número total de espectáculos incluyendo las Galas, en los últimos años las que siguen:

Año 2023, 123 espectáculos.

Año 2024, 129 espectáculos.

Año 2025, 142 espectáculos (programados).

Dentro de esta categoría se contempla un total de ciento veintiséis exhibiciones correspondientes al espectáculo habitual «Cómo bailan los caballos andaluces», que se desarrolla a lo largo del año los martes y jueves, así como los viernes de agosto, septiembre y octubre. Además, este año se celebran por primera vez galas específicas –doce en total– que fomentan la cultura del caballo.

Formación. Para el año 2025 la oferta formativa es amplia, dando la opción de elección según sean las necesidades e intereses formativos, contribuyendo a la profesionalización del sector ecuestre, así se oferta, en:

• Red de Centros Nacional e Internacional para la capacitación de jinetes.

• Impartición de la Formación Profesional de Régimen Especial.

• Enseñanzas deportivas en Hípica

- Implantación de las enseñanzas de Formación Profesional de Grado Medio asociadas al sector productivo del caballo.
- Intensificación de las acciones de Tecnificación Ecuestre.
- Acogimiento como centro de prácticas para alumnado participante en ciclos de Formación Profesional Dual y Educación Universitaria.

En este apartado, nos gustaría remarcara la actividad formativa del título propio de la Real Escuela, que en el 2025 se imparten las siguientes titulaciones:

- Formación de especialistas en Equitación: 21 alumnos/as
- Formación de especialistas en Enganches: 4 alumnos/as
- Formación de Guarnicioneros: 2 alumnos/as
- Formación de Auxiliares de clínica equina: 2 alumnos/as
- Formación de Mozos de cuadra: 5 alumnos/as

Por otro lado, la escuela alcanza gran prestigio a través de sus cursos de tecnificación y durante 2025 mantiene la línea de diversificación de la oferta formativa a través de:

- Cursos oficiales de Tecnificación Ecuestre.
- Cursos realizados bajo convenios de colaboración con instituciones/organismos.
- Cursos bajo demanda.

Figura 66. Edificio del recreo «de las cadenas».

Figura 67. Imagen exterior del picadero donde se celebran los espectáculos.

Figura 68. Portada del interior del picadero de la Real Escuela.

Figura 69. Imagen del picadero de la Real Escuela, verdadero «santa santorum» de la misma.

Para una mejor comprensión del funcionamiento de la escuela, se adjunta un cuadro de los recursos humanos (suministrado por la dirección de la misma), así como otro de la estrategia ganadera de la propia Real escuela y un tercero sobre las competiciones celebradas en ella en 2024.

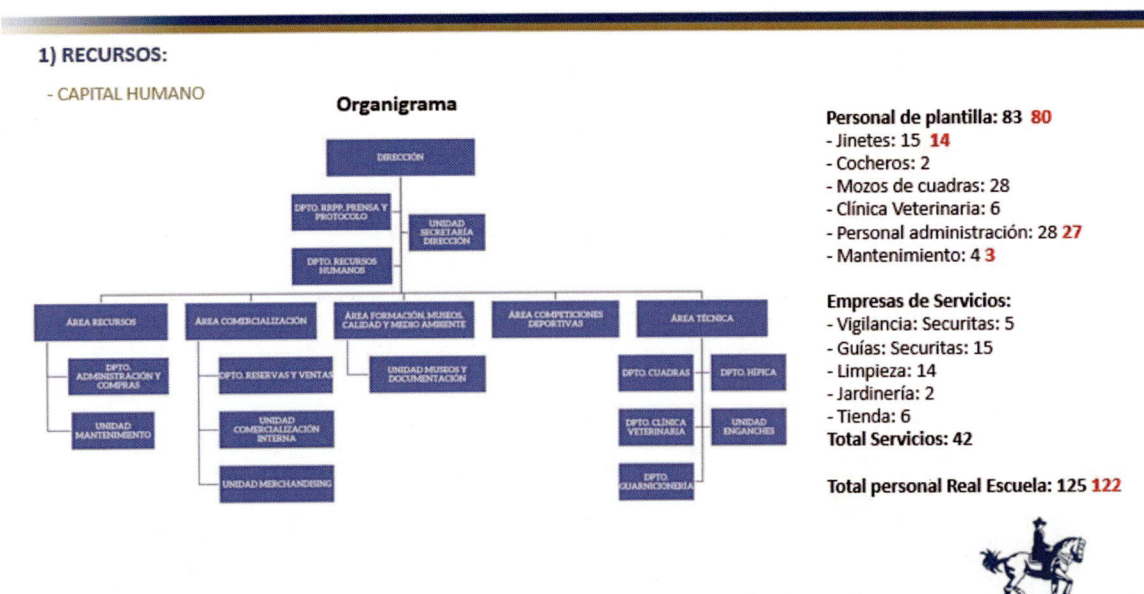

1) RECURSOS:

- CAPITAL HUMANO

Organigrama

DIRECCIÓN
DPTO. RRPP, PRENSA Y PROTOCOLO
UNIDAD SECRETARÍA DIRECCIÓN
DPTO. RECURSOS HUMANOS
ÁREA RECURSOS
DPTO. ADMINISTRACIÓN Y COMPRAS
UNIDAD MANTENIMIENTO
ÁREA COMERCIALIZACIÓN
DPTO. RESERVAS Y VENTAS
UNIDAD COMERCIALIZACIÓN INTERNA
UNIDAD MERCHANDISING
ÁREA FORMACIÓN, MUSEOS, CALIDAD Y MEDIO AMBIENTE
UNIDAD MUSEOS Y DOCUMENTACIÓN
ÁREA COMPETICIONES DEPORTIVAS
ÁREA TÉCNICA
DPTO. CUADRAS
DPTO. HÍPICA
DPTO. CLÍNICA VETERINARIA
UNIDAD ENGANCHES
DPTO. GUARNICIONERÍA

Personal de plantilla: 83 80
- Jinetes: 15 **14**
- Cocheros: 2
- Mozos de cuadras: 28
- Clínica Veterinaria: 6
- Personal administración: 28 **27**
- Mantenimiento: 4 **3**

Empresas de Servicios:
- Vigilancia: Securitas: 5
- Guías: Securitas: 15
- Limpieza: 14
- Jardinería: 2
- Tienda: 6
Total Servicios: 42

Total personal Real Escuela: 125 122

6) ESTRATEGIA GANADERA:

TOTAL ANIMALES: **149**: **128 en instalaciones de Real Escuela +21 en Yeguada**
CESIÓN DE CABALLOS A LA REAL ESCUELA:
* Establecimiento de un protocolo de cesión
* Seis caballos cedidos desde julio de 2023 y realización de visitas para ver posibles caballos aspirantes

Propiedad Real Escuela: 83

62 ejemplares de la FREAAE
51 Equitación
11 Enganches

Ganadería (Yeguada Real Escuela): **21**
8 Yeguas y 13 Potros:
9 Hembras
4 Machos

Cesión y Convenio: 66

13 Ejemplares de Cría Caballar
5 Ejemplares Yeguada del Bocado
19 Ejemplares cedidos por otros ganaderos
29 Ejemplares de Adrea

Competiciones programadas en las instalaciones de la Real Escuela 2024:

1. Concurso Internacional de Doma Clásica CDI 3* Andalucía 2024:
   del 1 al 4 de marzo y del 6 al 9 de marzo de 2024

2. Concurso Nacional Equitación de Trabajo: 7, 8 y 9 de junio de 2024

3. Concurso Intercomunidades de Alta Escuela Española:
   12, 13 y 14 de julio de 2024

4. LIII Campeonato de España de Doma Vaquera absoluto y de menores:
   * Absoluto: 18 al 20 de octubre de 2024
   * Menores: 10 al 13 de octubre de 2024

5. V CIAT Ciudad de Jerez. 2 de noviembre de 2024

La Real Escuela de arte ecuestre de Jerez, desde su fundación –FREAAE– ha crecido en su día a día, es decir en el funcionamiento diario de la propia escuela. Así, se ha desarrollado especialmente en su espectáculo "Como bailan los caballos andaluces" y todo lo relacionado con el mismo, para ello se mira con mimo todo lo vinculado con la propia presentación: uniformidad de caballos y jinetes; la música que acompaña cada uno de los números que se representan en el espectáculo, y no digamos lo concerniente a la fidelidad en la programación de sus actuaciones, donde debemos incluir todo lo que rodea a la venta de localidades y acomodación de espectadores, es decir mantener gran precisión en lo concerniente a puntualidad y organización.

Asimismo, la Escuela tiene bien ganado su prestigio en reconocimiento de su acreditada docencia especializada, en especial respecto a la formación de jinetes, así como en otras actividades ecuestres auxiliares.

En la actualidad el cargo de gerente de Fundación de la Real Escuela de Arte Ecuestre lo ostenta don Rafael Olvera Porcel –veterinario–, quien desde su llegada ha reactivado las labores de este centro en todas sus facetas.

• La Yeguada del Bocado

En la década de los ochenta del pasado siglo se configuró en la dehesa de Fuente Sueros –una finca adyacente a la Cartuja de Jerez, con una extensión de 189 hectáreas– la Yeguada del Bocado. Su misión es conservar, mantener y dar a conocer la Yeguada Cartuja Hierro del Bocado, que constituye, a la postre, la reserva más importante del mundo del caballo de Pura Raza Española de estirpe cartujana. Desde sus inicios, la misión principal ha sido preservar el caudal genético que atesoran sus caballos y yeguas, así como contribuir a la mejora del caballo de Pura Raza Española.

Mas tarde, 2019, se configuró como Centro Nacional de Referencia Zootécnica Equina: CENRE –RD 45/2019– del Ministerio de Agricultura, Pesca y Alimentación, desde donde se deben realizar actuaciones de desarrollo, fomento e innovación en el sector equino, para poner al servicio de la sociedad el patrimonio genético y conocimiento y difundirlo a toda la ciudadanía.

La Yeguada del Bocado forma parte del Patrimonio del Estado desde 1983. Está gestionada por EXPASA, sociedad estatal, empresa pública mercantil, cuyo único accionista es el Estado mediante el Ministerio de Hacienda: Dirección General de Patrimonio del Estado, a través del Ministerio de Agricultura, Pesca y Alimentación.

Figura 70. Portada de entrada al picadero de exhibiciones donde se ofrece el Logotipo de la Explotación.

Su relevancia la vislumbró muy lúcidamente su primer director, el profesor don José Sanz Parejo, quien debido a la reserva genética que sus caballos y yeguas atesoran, consideró a este conjunto ganadero como la reserva más importante del mundo del caballo Pura Raza Española de estirpe cartujana. Además, la Yeguada del Bocado se configura como una de las yeguadas más antiguas, señeras y prestigiosas del mundo.

Así pues, la principal misión del centro es la de conservar, preservar, mantener y dar a conocer la Yeguada Cartuja Hierro del Bocado. Por tanto, el personal allí contratado, se encarga de preservar el caudal genético que atesora, así como contribuir al desarrollo, fomento e innovación del sector equino a nivel nacional, para poner al servicio de la sociedad, este patrimonio y difundirlo mediante programas de colaboración con entidades e instituciones públicas y privadas.

Desde su fundación sus caballos y yeguas, por lo que genéticamente representan, han sido las principales protagonistas de aquella explotación, aprovechando la situación para ahondar sobre la tecnología de la reproducción de esta especie, no solo para su uso particular sino para hacer extensivo sus progresos a nivel nacional e incluso europeo.

Por tanto, desde este centro se han fomentado todas y cada una de las vertientes de la reproducción equina: a) inseminación artificial; b) trasplante de embriones; c) congelación de esperma y almacenamiento. Igualmente se ha decidido almacenar ovocitos y embriones de interés. Como ha sido apuntado, en cada caso

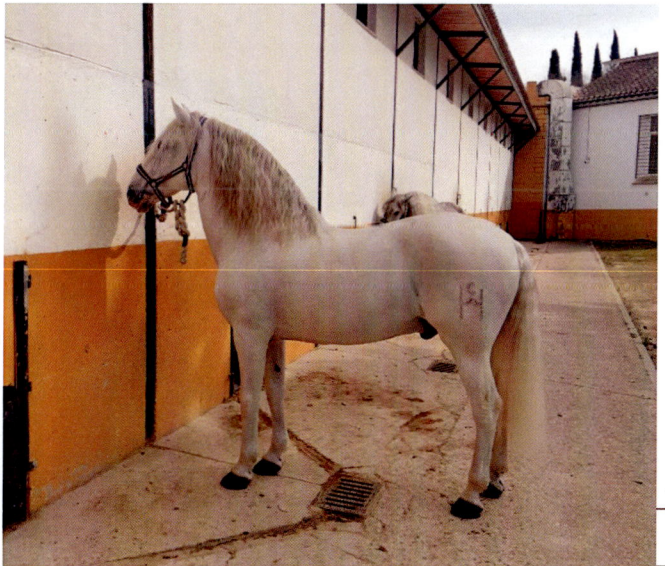

Figura 71. Semental con el hierro de la yeguada del bocado.

se han realizado las tecnologías más novedosas y punteras de la reproducción equina, para su posterior distribución a la sociedad y la comunicación de su conocimiento.

Así pues, ha sido investigado y aún se analiza científicamente, todo lo referente a recogida, transformación, almacenamiento y distribución del semen. El estudio del ovocito equino, la génesis y almacenamiento de embriones equinos y lo principal se han establecido bancos de germoplasma de esta estirpe equina, esencial para la salvaguarda, mantenimiento y difusión de su riqueza genética.

Por estos motivos el centro se ha convertido en el principal distribuidor nacional de semen equino, para luego mediante inseminación artificial, tanto para su utilización en fresco como para su distribución de semen equino congelado, ha permitido generar desde la propia yeguada una gran red de distribución local, nacional e internacional (europea).

A resultas de la especialización del centro, cualquier ganadero puede solicitar en el mismo, tanto de los caballos existentes, como en otros de particulares, la extracción y preparación de esperma en fresco y congelado de sus caballos, pruebas oficiales de detección de enfermedades reproductivas (con el uso de la inseminación artificial se evitan la mayoría de ellas) y enfermedades heredables, acompañados del correspondiente certificado de calidad. El ganadero interesado, también puede solicitar el alquiler de yeguas nodrizas sobre la que realizar trasferencia de embriones propios.

Además, en el centro con el tiempo se ha conformado un catálogo de sementales propios y de particulares, todos ellos incluidos en los bancos de germoplasma existentes.

Como principal aval de cumplimiento de los requisitos sanitarios, tanto el proceso como la red de comercialización ha sido homologado por las autoridades sanitarias de la U.E. y cualquiera de sus productos se expende acompañado del correspondiente certificado de calidad.

Figura 72. Picadero de exhibición de la explotación.

Figura 73. Instalaciones de la propia yeguada.

Figura 74. Dependencias de la Yeguada del Bocado.

En resumen, la Yeguada de la Cartuja – Hierro del Bocado es propiedad del Estado Español, a través de la Dirección General de Patrimonio, con la tutela funcional del Ministerio de Agricultura y Pesca, Alimentación y Medio Ambiente. En el acuerdo del 21 de febrero de 2003 se estableció que es más relevante la función instrumental de preservación de razas autóctonas que el hecho de su explotación comercial, siendo esta Yeguada fundamental en el Caballo de Estirpe Cartujana, que ha ejercido una gran influencia en nuestra cabaña y en otras razas de todo el mundo.

Mercantilmente, esta actividad es desarrollada a través de la sociedad EXPASA AGRICULTURA Y GANADERÍA SOCIEDAD MERCANTIL ESTATAL, S.A., con domicilio en Jerez de la Frontera (Cádiz), cuyo objetivo es la conservación, mantenimiento y explotación de la Yeguada.

Siendo Centro Nacional de Referencia Zootécnico para el sector Equino desde 2019, colabora activamente con la ordenación del sector, promueve la divulgación científico-técnica entre las diferentes profesionales del sector, generando entornos de trabajo multidisciplinar y aumentando la productividad y rentabilidad del sector equino.

La cuenta de resultados de EXPASA muestra un desequilibrio estructural apoyado por sus objetivos societarios, recibiendo sus recursos principalmente a través de su accionista único, Dirección General del Patrimonio del Estado, y la previsión que se establece cada ejercicio en la Ley de Presupuestos Generales del Estado. Complementa dichos recursos con los ingresos que la Sociedad pueda obtener por la venta de animales, producción agraria, merchandising y prestación de servicios, como la visita de las instalaciones.

En cuanto al balance de la compañía, el 80% del activo corresponde a las partidas de inmovilizado material y existencias. La finca donde se desarrolla la actividad está valorada contablemente al 31/12/2023 en 3.035.536€.

El otro activo más significativo es el ganado, que en coste está valorado en 1.999.854€ los reproductores de más de 4 años y 502.942€ los menores de dicha edad. Los nacidos antes del 31 de diciembre de 2019 de la Yeguada está formado por un total de 207 animales (37 machos y 170 hembras) y posterior a dicha fecha existen otros 88 animales (37 machos y 51 hembras)

Con respecto al pasivo de la compañía, el apoyo explícito del único accionista en los fondos propios (80% con respecto al total balance) soporta la estructura de financiación de la compañía. Además de estas aportaciones, existen distintas subvenciones recibidas con objetivo diferentes (instalaciones, personal, etc) que ayudan a la compañía en su actividad. En la cuenta de resultados del 31/12/2023 se encuentran imputados por subvenciones 250.036€

La partida de mayor volumen en la cuenta de resultados corresponde a los gastos de personal, donde la plantilla existente al 31/12/2023 de 24 hombres y 13 mujeres imputan al cierre un gasto de 1.172.779€, de los cuales 10 personas corresponden al personal de primera experiencia profesional (de la que se recibe subvención) y 8 al Consejo de Administración de la Sociedad.

Posteriores directores de la Yeguada a Sanz Parejo como don Carlos Escriban[134] y más recientemente la Dra. Judit Anda[135], con sus actuaciones, han mejorado las prestaciones de esta dependencia pública de cara a la sociedad.

_____

134 Veterinario del Cuerpo Nacional proveniente del Ministerio de Agricultura, Pesca y Alimentación.

135 Ingeniera agrónoma de alta cualificación, proveniente del Ministerio de Agricultura, Pesca y Alimentación.

Capítulo 8
Ganaderías que han conformado los caballos de Jerez de la Frontera

Para cerrar la obra, nos ha parecido oportuno, antes de la adjuntar la bibliografía que corresponde, incorporar un último capítulo donde abordaremos algunas ganaderías que han coexistido durante un tiempo en tierras de Jerez, y junto a las ganaderías de antaño han configurado el actual caballo de Jerez de la Frontera. Estamos hablando del ganado que en su día pastó entre Niebla y Gibraltar o yeguas que han galopado y bebido en el río Guadalete y criado en los territorios del municipio jerezano.

Para cumplimentar este objetivo, en principio he seleccionado algunas de estas ganaderías que, bajo mi propio criterio son consideradas por los inteligentes del lugar como las más afamadas de la zona. Estas coinciden con aquellas que durante un buen tiempo por distintos motivos fueron ensalzadas como las ganaderías genuinas de Jerez y que son conocidas en el mundo del caballo incluso a nivel internacional. Claro que, esta lista, la haga quien la haga, resulta demasiado extensa porque muchos y buenos ganaderos de caballos siempre existieron en tierras de Jerez y además durante los últimos siglos, los ganaderos jerezanos, fueron cuando mayor prestigio adquirieron en el desarrollo de este negocio.

Ahora bien, teniendo en cuenta que, aunque yo mismo soy una persona nacida en tierras de Jerez, mis años profesionales más activos los he vivido en Córdoba por lo que la lista que propongo puede muy bien resultar distorsionada: es decir, que no estén todas las que deberían estar, o bien que alguna de ellas, no estén dotadas de los méritos necesarios como para ocupar un puesto destacado entre las seleccionadas. Sin embargo, como el capítulo lo he diseñado para ser estructurado como complemento al resto de la obra, considero como preferentes aquellas más reconocidas por mí[136]. Luego he modificado la relación, tras preguntar a algunos ganaderos jerezanos actuales[137], sobre su significación y reconocimiento social de cada una de las consideradas a lo largo del tiempo.

---

136 Que solo pude sostener la autoridad científica que tiene el que escribe.

137 Al ser personas vivas, sólo pueden contemplar las conocidas por ellos o históricamente por otras personas cercanas con las que ellos cohabitaron.

Sin embargo, muchas de aquellas que denominamos como históricas y con solera, que han sido reproducidas en el cuadro[138] que se adjunta, desaparecieron con el propio ganadero que las fundó, o al que fue considerado su genuino propulsor; pues aunque la mayoría se han mantenido un cierto tiempo con sus herederos[139], y desde luego, han aparecido otras nuevas surgidas por iniciativa de otros nuevos ganaderos, en todas ellas la explotación de las mismas ha cambiado su proceder, pues ofrecen ahora un común denominador, esto es que en la actualidad las ganaderías, tanto las antiguas como las nuevas, se fundamentan en un contingente de yeguas numéricamente menor a lo que se explotaba en otros tiempos.

Así, aquellas yeguadas que en otras horas sobrepasaban el centenar de yeguas y su explotación estaba basada en la producción de los numerosos potros que producían, ahora se configuran como negocios complementarios a la explotación de sus dueños.

Actualmente todas ellas –restos de las antiguas y nuevas– se explotan con un escaso número de 6 a 20 yeguas, con lo que ello supone respecto a la cantidad de potros donde seleccionar, por la merma numérica de futuros ejemplares. Ahora bien, la calidad de estos nuevos productos está garantizada por la monta selectiva de los propios sementales, que se realiza con las mejores yeguas y el deseado caballo padre. En este cometido está jugando un papel decisivo «la inseminación artificial», tanto en fresco como en congelado. Desde luego que la inseminación[140], al margen de evitar enfermedades de transmisión sexual nos permite que el semen de algunos reproductores esté para su uso al alcance de cualquier ganadero, en su propia yeguada.

Sobre las apuntadas desapariciones o mermas de productos en las yeguadas actuales, es decir, sobre el cambio del sistema de explotación, yo mismo en otras ocasiones he dicho que empresarios románticos existen muy pocos, o en realidad, no existe ninguno: nadie pierde dinero durante más tiempo del posible, pues antes cierra su propio negocio. No es que el precio de un buen ejemplar equino haya descendido en el mercado, al contrario, lo que ocurre es que ahora resulta escasa la comercialización de ejemplares de esta especie.

---

138   La citación y ordenación de estas ganaderías obedecen más a preferencias personales que a motivos científicos y/o motivos de reconocimientos y méritos obtenidos a lo largo de su trayectoria ganadera.

139   Románticos existen muy pocos o se gana dinero o el negocio termina por cerrarse.

140   En cualquier caso, la inseminación más utilizada es la de en fresco, sobre la que se ha propiciado la especialización de veterinarios que controlan esta inseminación, así como verdaderos circuitos debidamente publicitados dedicados a este referido menester.

Por otra parte, a partir de 2008 se esfumaron aquellos compradores, quienes fruto de su rentabilidad en otros negocios –casi siempre procedente del «ladrillo»–, gustaban tener en sus casas una punta de yeguas (casi siempre españolas) para enseñar o impresionar a sus amigos. Esto ha hecho que ahora solo se adquieran ejemplares con una intención finalista, los cuales serán utilizados por sus propios jinetes.

Como se veía venir, tantos jinetes como existan en la zona requieren tantos otros ejemplares de caballos para ser removidos, coincidiendo su número, para que se produzca una buena y eficaz comercialización. Por ello, en la actualidad, el caballo se ha convertido comercialmente en una especie de «lujo», como es el caso de una pintura o una joya, los ejemplares se venden uno a uno y acomodado a las propias exigencias del adquisidor.

Sobre las ganaderías jerezanas de mérito y afamadas

Entre las ganaderías jerezanas de mayor prestigio histórico y relevancia cabe destacar las siguientes:

- Vicente Romero García.
- Guerrero y/o Hnos. Guerrero (Rafael/Ramón/Pedro/Manuel).
- Marqués de Domecq (don Pedro).
- Romero Benítez (Rafael).
- Nicolás Domínguez.
- Manuel de Lacalle.
- Hnos. Bohórquez (Fermín y José).
- Terry y Viuda De Terry (Isabel Merello).
- José García Barroso.
- García Perea.
- Antonio Diosdado.
- Salvador Cortés García.
- Azpillaga. Ganadería de cruzados, afamada a mediados del siglo XX.

A continuación, se adjunta una relación de ganaderos de la zona con sus respectivos hierros, fechados en 1954. Este documento puede resultar orientativo respecto a todo lo que se está tratando y refleja la presencia de los ganaderos jerezanos existentes en el término a mediados del siglo XX.

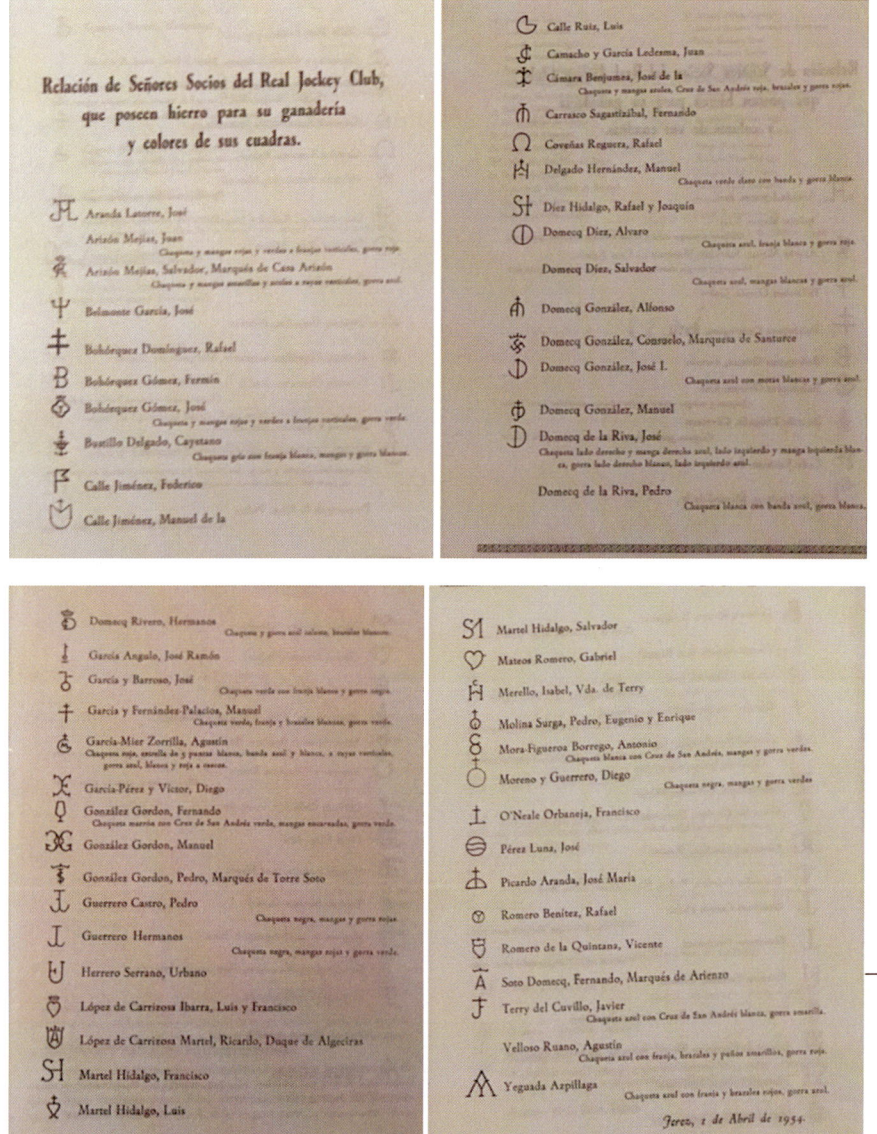

Figura 75. Hierros y colores para el hipódromo asignados a las ganaderías del Jockey Club de Jerez a mediados del siglo XX.

La Yeguada de don Vicente Romero

La ganadería de don Vicente Romero García ha sido prácticamente ya documentada en este y otros textos. En ellos se registran los sementales, la ubicación de sus yeguas, los principales premios y reconocimientos obtenidos, e incluso se menciona el destino que siguieron sus yeguas tras el fallecimiento de su titular, así como los nuevos propietarios de estas tras la desaparición de su célebre ganadero y el momento en que sus herederos liquidaron la explotación.

No obstante, sobre don Vicente Romero poco podemos añadir que no haya sido dicho ya. Don Vicente era un gran ganadero conocedor de caballos: de buenos caballos[141]. Además de ser un profundo conocedor de la materia y entendido en la distinción de buenos ejemplares, don Vicente era un gran jinete que gustaba de montar caballos andaluces –de él se conservan fotografías montando a su caballo Solo, incluso en la última etapa de su vida–.

Desde luego, su piara fue incrementándose con el tiempo, ya fuera por la cría de sus propios ejemplares o por la adquisición de otros en la zona (aunque todos estaban marcados con el hierro del Bocado). Es innegable la trascendencia de los caballos de don Vicente en la mejora tanto del propio caballo de Pura Raza Española como de la cabaña caballar del sur de España a partir del último tercio del siglo XIX. Es decir, la mayoría de las ganaderías de Pura Raza Española tienen como principal protagonista el semillero mejorante –del hierro del Bocado– introducido por él. Los famosos caballos zapata[142], bien pudieron ser incorporados a su piara, pues paulatinamente tras su desaparición estos se hallaron en el hato de don Vicente. Estamos hablando no de «los zapata» sino de los caballos del hierro del bocado, que muchos consideran como caballos de continuidad cartujana.

Lo cierto es que, desde que don Vicente Romero empezó a considerar a sus ejemplares y el mundo del caballo apreció la bonanza de sus ejemplares para ser utilizados como semilleros, se ha seguido su trazabilidad genética. Estos caballos han pasado a ser los principales padreadores de las yeguas españolas, al ser convencionalmente considerados como mejorantes de las ganaderías de esta raza.

---

141 Véase preferentemente el capítulo 5 de esta obra.

142 Sobre ello existe una gran controversia, desde Altamirano que niega por completo su existencia hasta otros (los ms) que consideran como una leyenda que los caballos del hierro del bocado tengan continuidad con los mantenidos como famosos zapatas -lo cierto es que los caballos cartujanos, tras la guerra de la independencia, carecen de continuidad documental y sin embargo a los caballos del hierro del bocado se les ha seguido su control genealógico.

La ganadería de los Guerrero: Guerrero y Guerrero Hermanos

La historia de la ganadería de los Guerrero: –Guerrero y Guerrero Hermanos–comienza en 1838, cuando la familia[143] se trasladó desde Grazalema a Jerez. Merece una especial consideración el hecho de que Pedro Guerrero Castro (médico), comenzara durante la década de los cincuenta del siglo XIX a adquirir yeguas andaluzas (españolas) de «lo mejor» de la zona, procedentes de Zapata, Tejedor, Soler, Martel y de Celis[144].

Pues bien, tanto los caballos que criaban como la propia familia, ocuparon un lugar de privilegio en Jerez y especialmente en el mundo del caballo nacional. Después a partir de 1954 tras Ramón Guerrero González, los caballos dejaron de interesar a la familia[145] y este negocio poco a poco desapareció de la esfera de los Guerrero. En cualquier caso, los caballos de esta ganadería e incluso la misma familia, como ha sido apuntado, fueron de los más influyentes (en tierras de Jerez) durante finales del siglo XIX y buena parte del XX.

Ahora bien, los mayores éxitos de estos ganaderos se produjeron durante la época en que dirigieron la explotación los hermanos Guerrero Lozano, quienes, desde su finca la Mariscala –próxima a Trebujena y con una extensión de casi 1000 hectáreas–, llegaron a explotar hasta 400 yeguas. Además de las excelentes y afamadas yeguas españolas (muchas de las cuales ya han sido mencionadas), contaban con yeguas Hispano-Anglo-árabes e, incluso, alcanzaron fama con la explotación de yeguas Hockney.

Estos Guerrero, como buenos ganaderos jerezanos, gustaba un caballo más movido que el propiamente español, tales como el caballo P.S.I y el árabe, cuyos sementales de estas razas mez-

---

143   José Guerrero Ruiz y Ana Castro, dedicados a la fabricación de paños, cultivo de viñas y crianza de ganado en la finca de la Colmenar de Grazalema, así como a la fabricación de vinos en aquella localidad. A Jerez se desplazan María, Pedro y Manuel.

144   Estas yeguas pastaron primero en Tempul y luego estuvieron (debido a las subastas por la desamortización de inmuebles en la campiña de Cádiz) en Romanitos, Marrufa, el Rincón, el Corchable, el Algibe, Almocadas, el Chorradero, fincas, todas ellas, con mucho «corcho» para sacar materia que les produjo pingues beneficios.

145   Rafael y Ramón, estudiaron, por indicación de Pedro Guerrero Castro, Ingenieros agrónomos en la Escuela Central de Madrid, y viajaron por Europa antes de establecerse en Jerez, donde modernizaron la zona en su faceta agrícola.

claban con sus yeguas con suma habilidad. Además, muchos de sus ejemplares con elevados grados de pureza –P.S.I.– los tuvieron en «la Corredera» y desde allí ejercieron su influencia como caballos corredores. En definitiva, el origen de las yeguas de esta ganadería era andaluz (o español), no obstante, en su yeguada siempre lograron cruces (especialmente con el P.S.I. y con el árabe) obteniendo un producto excelente y comercial.

Seguidamente, aportamos la información ofrecida directamente por un miembro de la familia Guerrero:

Los miembros de la familia Guerrero fueron en el siglo XIX los ganaderos y criadores de caballos de raza española más importante del mundo, dejaron una profunda huella en la historia del caballo y muy especialmente en Jerez de la Frontera.

Don Pedro Guerrero Castro, hijo de José Guerrero Ruiz y de Ana de Castro, una familia dedicada a la fabricación de paños, el cultivo de la viña y la crianza de vinos y aguardientes nació en Grazalema en 1831 y falleció en Jerez en 1904. Según sus coetáneos, con toda seguridad, fue la persona más entusiasta y de mayores conocimientos equinos de cuantas hayan existido en Jerez. Fue licenciado y Doctor en Medicina, no obstante, pronto se dedicó al desarrollo de la empresa familiar.

Aprovechando la desamortización nacional de la época, la familia adquirió tierras en el valle de Tempul: Romanitos, El Marrobo, El Rincón, El Corchadillo, El Aljibe, Almocado y El Chorreadero. Don Pedro envió a sus hermanos, Ramón y Rafael, a estudiar en la Escuela Central de Agricultura de Madrid, donde obtuvieron el título de ingenieros agrónomos, y más tarde a viajar por Europa (Inglaterra, Francia e Italia). Tras su fallecimiento, fue su hermano Manuel Guerrero Castro quien se hizo cargo de las tierras y de la ganadería.

Pedro Guerrero Castro, se casó con María de la Paz Lozano Jiménez, y tuvo nueve hijos. Mas tarde fue nombrado Caballero de la Orden de Isabel la Católica.

Su hijo Manuel Guerrero Lozano, continuador de su labor, contrajo matrimonio con doña Dolores González Gordon, con la que tuvo cinco hijos (Pedro, María de los Dolores, Manuel, Ramón y María de las Mercedes).

Manuel Guerrero Lozano por su meritoria y labor en post de la agricultura y la mejora de la ganadería equina obtuvo la Gran Cruz del Mérito Agrícola, además de la Medalla de La Medauita, otorgada en este caso por el gobierno de Marruecos. Entre otros hechos destacados sobre su historia, fue presidente del Jockey Club de Jerez durante los años que mayor auge tuvo aquella institución.

Fueron sus hijos, Manuel y Ramón Guerrero González, quienes, a través de la firma Guerrero Hermanos y desde la finca La Mariscala, prosiguieron con la actividad agrícola y ganadera de su padre, llegando a tener, en los años sesenta del pasado siglo, hasta 400 yeguas de vientre y obteniendo múltiples premios y reconocimientos. Gracias a Ramón, en 1954 se desplazó a Jerez la Escuela Española de Equitación de Viena para intervenir y dar realce a la Semana del Caballo de Jerez. En 2011, a título póstumo, Ramón Guerrero González fue nombrado Caballo de Oro de Jerez.

El origen de la ganadería

Sobre la misma, debemos destacar que a mediados del siglo XIX la cría caballar andaluza había llegado a su máxima decadencia. Ante esta situación, don Pedro Guerrero Castro buscó los últimos ejemplares descendientes de las castas de la Cartuja y de Zapata, de Tejedor, de Calero, de Martel, de Celis y de otras, hasta que en 1867 lograron recuperar el antiguo esplendor de los caballos jerezanos, consiguiendo entonces obtener anualmente entre 130 a 150 crías.

Ya en 1882 la cuadra había alcanzado fama nacional ganando los primeros premios en todas las exposiciones a las que se presentaron con sus caballos: *Harinero*, *Gorrión* y *Primero*, además de otros, españoles puros, sin cruce de ninguna clase.

En este capítulo de concursos y exposiciones cabe destacar, que en 1856 participaron en el concurso organizado con motivo de la feria de Sevilla y que, en 1879, en la exposición-concurso celebrada en Madrid, se reconocía la calidad de los caballos de Guerrero, de Jerez.

Tal era el prestigio de sus sementales –de los que se conservan algunos de sus nombres y sus estirpes como *Aguilillo*, *Sacristán*, *Contador*, *Peregrino*, *Capitán*, *Inquieto*, *Impresor*– que, de los 400 ejemplares con los que contaba el Depósito de Sementales del Estado en 1882, ochenta y tres pertenecían a la casa Guerrero.

En 1893, participó en la constitución de la Yeguada Moratalla. En concreto con las yeguas *Navera* y *Naranjilla*, que formaron parte –junto con otras dieciocho de ganaderos de Córdoba y Jerez– de la llamada reconquista del caballo andaluz (también caballo español), y junto a los caballos padres Burgueño y Melenas (ambos de la casa Guerrero), constituyeron el núcleo refundacional del caballo andaluz en Moratalla. Luego también se incorporaron en aquella dehesa, para dicho objetivo, las yeguas *Hormera* y *Laponesa* de Manuel Guerrero, *Huronera* de los hermanos Guerrero y *Limeña* y *Ligera* de Ramón Guerrero.

En 1899, el reconocido veterinario militar Eusebio Molina, en su obra sobre Cría caballar y Remonta, considera como una de las más afamadas ganaderías de la Provincia de Cádiz la de los Guerrero de Jerez.

En 1910, con la apertura del Stud-book del Pura Raza Española –libro genealógico del caballo español–, el semental Gallardo fue, entre todos, el que obtuvo la mayor valoración económica, alcanzando un precio de 8000 pesetas.

En el concurso-exposición nacional celebrado en Madrid en 1913, organizado por la asociación de ganaderos de España, en la raza andaluza resultó ganadora la yegua Relatora de la casa Guerrero de Jerez. Asimismo, fueron premiadas en esta raza las yeguas Florista y Hortera de Manuel Guerrero Castro.

Cabe resaltar que los Guerrero no se limitaron a la recuperación y cría de la raza española. Trajeron de Inglaterra a Jerez caballos de carrera con sangre inglesa con los que obtuvieron, a lo largo de su historia, gran cantidad de premios. Y también los Hackney, que fueron cruzados y entrenados como animales de tiro para labores agrícolas y de enganche.

De esta forma, se afirmaba que, en tiempos de don Pedro Guerrero Castro, todas las casas reales del mundo contaban con un enganche jerezano de Hispano-Hackneys procedente de la ganadería de los Guerrero, de Jerez.

Principales hitos conseguidos por esta ganadería

En 1954 (25 años después de la exposición Iberoamericana del 29) de la mano del coronel Alhois Podhasky, siendo el alcalde de Jerez don Álvaro Domecq Díez y por exclusivas instancias y gestiones de Ramón Guerrero González, vinieron a Jerez los famosísimos caballos de la Escuela Española de Equitación de Viena, permaneciendo dos semanas en nuestra ciudad, donde dieron sendas exhibiciones en la plaza de toros con incursiones y muestras de la doma de esa alta escuela. Tras su permanencia en Jerez iniciaron una gira por toda España durante dos meses, actuando en 14 plazas de toros. Tras la visita de la Escuela de Viena y en agradecimiento del trato recibido, enviaron a Jerez dos yeguas paridas y un semental, todos de raza Lippiziana, regalo del gobierno austriaco a Ramón Guerrero González.

Figura 76. Visita de la princesa Mary de Inglaterra a la finca La Mariscala propiedad de la familia Guerrero.

Debido a todo ello, la hermana del Rey de Inglaterra en su visita a Jerez quiso ver los caballos Guerrero, por lo que estuvo en el cortijo de La Mariscala con los hermanos Manuel y Ramón Guerrero, siendo más tarde invitados por la Casa Real a la Semana del Caballo Inglesa.

El hierro de los Guerrero ha sido premiado y ha obtenido numerosos trofeos y reconocimientos en todos los hipódromos de España y Europa, dando con ello múltiples satisfacciones a sus propietarios, quienes lograron crear casi una raza distinta, a la que denominaban «caballos de Guerrero». Muchos son los méritos conseguidos, hasta el punto de figurar en el *Libro Guinness* por haber ganado cuatro primeros premios en un mismo día en el hipódromo de Pineda (Sevilla).

El rey Alfonso X el Sabio concedió a Jerez dos ferias: una en el mes de septiembre y otra en el mes de abril, siendo esta última el origen de la actual Feria del Caballo.

Por su trabajo y su trascendencia en pos del noble bruto, la primera Feria del Caballo de Jerez fue dedicada a la figura de Manuel Guerrero Lozano.

En el año 2011, se galardonó a Manuel y Ramón Guerrero González con el Caballo de Oro, máxima condecoración otorgada por el Ayuntamiento de Jerez.

Hierro de Guerrero. Colores verde, rojo y negro.

Figura 77. Hierro de la yeguada de los Guerrero.

Figuras 78 y 79. Fotografía de Botador caballo de carreras del hierro de los Guerrero.

Figura 80. Cortijo de La Mariscala, donde se criaron la mayoría de los excelentes caballos de los Guerrero.

Figura 81. Medalla de La Orden Isabel la católica otorgada a don Pedro Guerrero Castro.

Yeguada del Marqués de Domecq

Los caballos de don Pedro Domecq, el marqués de Domecq, obtuvieron importantes premios a nivel nacional en los certámenes celebrados en Madrid durante el primer tercio del siglo XX. Continuadores de aquellos se consideran los que denominan en la tierra «los leones» (León Mazón), de Sanlúcar.

Yeguada Romero Benítez

Otro tanto ha ocurrido con los de Romero Benítez, sus ejemplares prácticamente han desaparecido de la escena productiva, no obstante, todavía se sigue herrando ganado. Actualmente el hierro ganadero es propiedad de don Agustín Alcántara Martorell. Aurelio Romero Gijón, descendiente de la familia, adjunta lo siguiente:

Figura 82. Fotografía de don Rafael Romero Benítez (tras de él su hijo Cristóbal).

El origen de la ganadería se remonta al año 1854. Fundada por Cristóbal Romero Zarco. En 1856 tras la desamortización de Mendizábal, adquirió a los Sres. De Calero, oriundos de Vejer de la Frontera, una tercera parte de la ganadería de los monjes Cartujos. Posteriormente en 1908 don Rafael Romero Benítez, verdadero impulsor y creador de la sólida base ganadera, adquiere un lote de 18 yeguas y 2 sementales a don Vicente Romero, procedente del hierro del Bocado. Durante toda su trayectoria se han utilizado sementales propios a la vez que se buscó refrescar sangre de la línea de la Yeguada Militar y «Bocado».

La ganadería siempre pastó en el Cortijo de Ducha en Jerez de La Frontera.

En 1954 la Yegua *Estudiosa* se proclama campeona en la edición de la Semana Internacional del Caballo. Igualmente, otras tres yeguas –*Regidora, Bandolera* y *Baturra*– se proclaman Campeonas de España en Pineda (Sevilla) en los años 1982, 1983 y 1985.

Múltiples campeones de campeones en la Feria del Caballo de Jerez. Ejemplares como *Temaerario III, Garboso XV, Brioso VI, Regidor VIII* años 1970, 1973,1976, 1982.

Campeonas de la Raza en la misma Feria del Caballo, yeguas como *Recelosa*, (1980), *Regidora* (1981) o *Trianera* (1982).

En Sicab 1992 se obtuvo primer premio de cobra, y la yegua Juiciosa fue premiada como subcampeona de la raza y premio a la mejor Ganadería. Su máxima distinción llegó con el Premio Caballo de Oro en la Feria del Caballo 1973, siendo en cronología, el cuarto caballo de oro concedido.

Extensa lista de países donde la sangre Romero Benítez tiene presencia. Principalmente Alemania, Francia, México, Costa Rica, Panamá, Guatemala...

Figura 83. Fotografía de *Brioso* de Romero Benítez.

Figura 84. Fotografía de *Estudiosa*, yegua afamada de Romero Benítez.

Figura 85. Cabeza y cuello de Regidor, caballo de Romero Benítez.

Figura 86. Imagen de *Regidora* de Romero Benítez.

Figura 87. Imagen de dos caballos ganadores de la ganadería de Romero Benítez en la Feria de Jerez.

[Información servida por don Aurelio Romero Gijón]

Yeguadas de don Nicolás Domínguez y de don Manuel Lacalle

Los que sí han desaparecido de la escena territorial, son las yeguas de don Nicolás Domínguez y de don Manuel Lacalle.

Yeguadas de García Barroso y de García Mier

En lo referente a don José García Barroso[146] y don Agustín García Mier, también desaparecidas, Rui Andrade en su libro Historia del caballo español, tiene una consideración especial con ellos, así como del ganado de ambos.

---

146 El ganado en su mayoría bravo pastaba en el «bramadero» junto al río Majaceite en el término de Algar. Durante un tiempo mi padre, José Agüera Delgado, fue el veterinario de aquella explotación.

Los Hermanos Bohórquez

Los caballos de los Hnos. Bohórquez ya no son lo que eran; no obstante Miguel Bohórquez, tiene yeguas en Arcos y la saga continúa, aunque en menor número, en manos de Carlos, hijo de Fermín.

La ganadería la inició don Bartolomé Bohórquez a principio del siglo XX. Luego sus hijos Fermín y José Bohórquez Jiménez, la hicieron grande en el siglo XX.

Como ha sido insinuado Carlos (hijo de Fermín) es quien en la actualidad explota la referida ganadería que fundó su abuelo.

Los Terry

Por su parte la famosa yeguada de los años cincuenta de Terry y de la Viuda de Terry, a pesar de Rumasa que luego fueron a parar a la que luego fueron a parar a la yeguada del Bocado, aún quedan algunas, en este caso en las manos de Carlos (hijo de don Fernando) en el Cortijo de Espanta Rodrigo, cerca del Portal.

Ganadería de los Perea

Sobre la ganadería de los Perea[147], Javier García Romero[148], descendiente de la casa del siete, personaje jerezano importante de esta materia, considera que los mejores mulos de Jerez se producían en esta ganadería de los Perea.

---

147 Ganadería del «siete».

148 Jinete que participó en la creación de la Real Escuela y que durante casi sesenta años ha sido director general y jefe de estudios de la Real Escuela de Arte Ecuestre de Jerez.

Diosdado

A estas producciones debemos añadir las yeguadas de Antonio Diosdado, quien, al margen de un gran jinete[149], siempre obtuvo buenos potros en el «portal», Historia Ganadería Antonio Diosdado Galán.

Esta ganadería fue creada por su padre don Antonio Diosdado Palacios, en 1950. Fallecido su fundador, se divide en 1986 entre sus hijos Antonio y Cristóbal, vendiendo este último y quedándose el primero como propietario.

El ganado en su mayoría bravo pastaba en el «bramadero» junto al río Majaceite en el término de Algar. Durante un tiempo mi padre, José Agüera Delgado, fue el veterinario de aquella explotación. Campeón de Campeones, Jerez 1968.

Figura 88. *Regente AD III*

---

149 Jinete que participó junto a Álvaro Domecq y otros en la fundación de la Real Escuela de Arte Ecuestre.

- Campeón Internacional, Santarem 1969 (Portugal)
- Campeón Internacional Feria del Campo, Madrid 1970
- Campeón de Campeones, Jerez 1981
- Campeón de España, Sevilla 1982
- Subcampeón de España, Sevilla 1986
- Campeón de Campeones, Jerez 1989
- Subcampeón Equisur, Jerez 2006
- Subcampeón de España, SICAB 2006
- Subcampeón Equisur, Jerez 2007

Y numerosas medallas de oro, plata y bronce en concursos como Jerez y SICAB, así como concursos de doma clásica.

A destacar qué esta ganadería tiene el mérito de haber participado en todos los concursos morfológicos que se han celebrados en la Feria del Caballo (XLVI ediciones), demostrando el interés en engrandecer la Feria del Caballo.

Ejemplares destacados:

Figura 89. Caballos *Caracol XXIV* y *Barquillero X.*

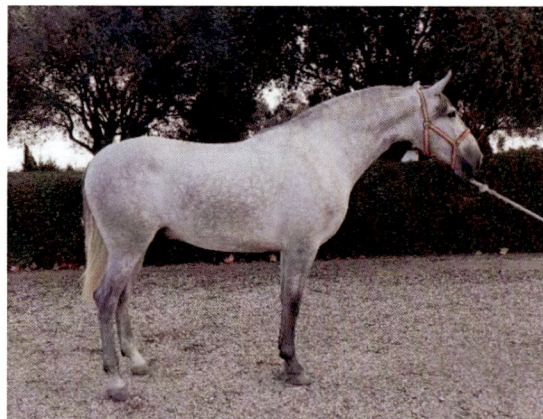

Figura 90. *Regente AD III.*

Figura 91. *Travieso II AD.*

Figura 92. *Travieso AD.*

Figura 93. *Urdidor AD II .*

Figura 94. *Bolero LXX y Caracol XXIV.*

Figura 95. *Caracol XXIV.*

Figura 96. *Judio III.*

Figura 97. *Tabernero XV.*

Figura 98. *Urdidor AD II.*

Salvador Cortés

Don Salvador explota entre 50 y 60 yeguas pertenecientes a la ganadería de Salvador Cortés (hoy en manos de su hijo Cristóbal), ubicada en Tarifa, así como las yeguas de la Escuela –35 en origen–, las cuales, en pocos años, han pastado en Trebujena, San José del Valle y, últimamente, gracias a un convenio entre ambas instituciones, en Fuente Soro, junto a las yeguas del Bocado.

En cuanto a ganaderías que pueden considerarse de nuevo cuño, cabe destacar la yeguada de Larios, ubicada en Alcalá de los Gazules; la de Manuel Salguero de Medina; y la de los hermanos Gómez Roldán, en la que sus potros están destacando en la disciplina de enganche.

En este punto, nos pareció oportuno consultar a la ANCCE sobre las ganaderías que, con más de seis yeguas, se han establecido en tierras de Jerez durante lo que va de siglo; es decir ganaderías de Pura Raza Española. Y aunque puedan existir otras yeguadas de otras razas, en mi opinión, en la zona y en los tiempos que vivimos, la cría de ganado caballar va en esa dirección: en el sur de España se crían, mayoritariamente, caballos de Pura Raza Española.

Y bien, desde esta institución –que, me consta, reviste todas las garantías en lo concerniente al caballo de Pura Raza Española– nos respondieron que han sido entre veinte y veintidós los ganaderos con dichas características que, en tierras de Jerez, se han dado de alta en lo que va de siglo.

Ello nos permite elucubrar por nuestra cuenta sobre el hecho que la crianza equina jerezana, tras los Juegos Ecuestres celebrados en 2002, ha vuelto a reactivarse, y junto con la cría, otro tanto podemos decir de la afición por montar bien en un buen caballo. No obstante, pienso que ello es debido a la afición trasmitida desde la Real Escuela que ampara y guía al aficionado jerezano.

Si una vez terminados los juegos, la sociedad local parecía haber quedado hastiada de todo lo ecuestre, dándole la espalda a eventos y jornadas de todo tipo que tuviera como protagonista al caballo, ahora, de un tiempo a esta parte, la sociedad ha vuelto a interesarse por la bonanza de este noble bruto y especialmente por ejercer su trascendencia a nivel mundial. De ahí que el propio pueblo y especialmente sus líderes políticos, tienen muy presente el lema: Jerez capital del Caballo, y argumentan como una de sus mayores fortalezas, la historia que soporta el caballo jerezano. Una prueba de todo lo dicho es que, para la próxima solicitud con el fin de lograr el título de Capital Europea de la Cultura para Jerez, todos –pueblo, sociedad, aristocracia local, líderes políticos jerezanos; en definitiva, todos– han señalado al caballo de Jerez de la Frontera como el elemento de mayor relevancia para su obtención.

Referencias Bibliográficas

ABAD, MIGUEL (1999), *El caballo en la Historia de España*. León: Universidad de León.

AGÜERA, EDUARDO (2011), *Córdoba, caballos y dehesas* [2008]. Córdoba: Servicio de Publicaciones de la Universidad de Córdoba.

AGÜERA, EDUARDO (2015), «El caballo de don Diego López de Haro: origen del caballo andaluz. Discurso de ingreso en la Academia de Ciencias Veterinarias de Andalucía Oriental», *Anales*, vol. 28 (1), pp. 59-78. Córdoba: Real Academia de Ciencias Veterinarias de Andalucía Oriental.

AGÜERA, EDUARDO (2018), «Don Diego de Haro, primer Caballerizo Real de Córdoba, hacedor del caballo andaluz», Agüera y Zurita (eds.), *Córdoba y el caballo. Pasado, presente y futuro*. Córdoba: Agencia Pública Administrativa Local Instituto Municipal de Turismo de Córdoba/ Ayuntamiento de Córdoba, pp. 129-142.

AGÜERA, EDUARDO (2018), *El caballo del diecinueve. Resurgir del caballo andaluz en el Siglo XIX*. Córdoba: Diputación de Córdoba.

AGÜERA, EDUARDO (2018), *La gestión de cría caballar en el siglo XIX: Agricultura o el Ramo de la Guerra*. Madrid: Ministerio de Agricultura, Pesca y Alimentación (Serie Estudios 182).

AGÜERA, EDUARDO (2020), *El mulo, el gran competidor en la mejora del caballo*. Córdoba: UCOPress Editorial Universidad de Córdoba.

AGÜERA, EDUARDO (2020), *La suerte del caballo cartujano*. Córdoba: UCOPress Editorial Universidad de Córdoba.

AGÜERA, EDUARDO (2020), *Moratalla, la reconquista del caballo andaluz*. Córdoba: UCOPress Editorial Universidad de Córdoba.

AGÜERA, EDUARDO (2021), *El caballo de la frontera. Origen del caballo andaluz*. Córdoba: UCOPress Editorial Universidad de Córdoba.

AGÜERA, EDUARDO (2022), «Los caballos de Jerez de la Frontera. Desde los almohades a la actualidad». Ponencia presentada en el *XXVIII Congreso de Historia de la veterinaria, Jerez de la Frontera y Sanlúcar*.

AGÜERA, EDUARDO y JOSÉ SANDOVAL (1999), *Anatomía aplicada del caballo*. Madrid: Harcourt Brace de España S.A.

AGUILAR, PEDRO DE (1572), *Tratado de la caballería de la jineta*. Sevilla: Hernando Díaz.

AGUILERA PLEGUEZUELO, J. (2006), *El caballo español e hispano-árabe. En la historia y en los manuscritos de al-Ándalus*. Córdoba: Almuzara.

AHUMADA y CENTURIÓN, RAMÓN DE (1861), *De la cría caballar y de las remontas del ejército*. Madrid: Luis García.

ALONSO GARCÍA, FRANCISCO (2022), *Adiciones a la doctrina del caballo y arte de enfrenar de don Gregorio de Zúñiga (1731)*. Sevilla: Real Maestranza de Sevilla.

ALTAMIRANO MACARRÓN, Juan Carlos (1999), *Historia del caballo cartujano*. Málaga: A.M.C. ediciones.

ÁLVAREZ MORALES, CAMILO y ROLDÁN CASTRO, FRANCISCO (1996), «Sobre el caballo en la cultura árabe», *Ciencias de la naturaleza en el Al Ándalus. Textos y estudios IV*. Granada: CSIC-Press.

ANDRADE, RUY D' (1954), *Alrededor del caballo español*. Lisboa: Sociedade Astória Limitada (imp.).

Anónimo (1489), *Cartas de venta de caballos del Marqués de Arcos*. Madrid: Archivo Histórico Nacional, leg. 143.

Anónimo (s. XVII). *Pintura de un Potro, por donde se conocerá en las fechuras, la fuerza, y señales y pruebas que dél se hicieren, la hermosura y bondades que a de tener, y se pintará, como se quiere que sea mil perfecto, y asimismo las malas hechuras y señales de que se a de huir* [manuscrito]. Biblioteca nacional de España, copia de la Biblioteca del Excmo. Sr. Duque de Osuna.

ARENAS POSADAS, CARLOS (2022), *Lo andaluz. Historia de un hecho diferencial*. Sevilla: Editorial El Paseo.

ARGENTE DEL CASTILLO, CARMEN (1991), *La ganadería medieval andaluza. Siglos XIII-XVI (Reinos de Jaén y Córdoba)*. Jaén: Diputación Provincial de Jaén.

AZPEITIA DE MOROS, LUIS (1993), *En busca del caballo árabe* [1915]. Madrid: Notigraf S.A.

Bañuelos de la Cerda, Luis (1877), *Libro de la jineta y descendencia de los caballos guzmanes* [1605]. Madrid: Sociedad de Bibliófilos Españoles.

Bisso, José (1868), *Crónica de la provincia de Cádiz*. Madrid: Rubio, Grillo y Vitturi.

Bravo López, Fernando (ed.) (2019), Rodrigo Jiménez de Rada, *Estoria de los árabes. Traducción castellana del siglo XIV de la Historia Arabum*. Córdoba: UCOPress. Editorial Universidad de Córdoba.

Carmona Ruiz, María Antonia (1996), «La actividad ganadera en la banda morisca», en Manuel García Fernández (dir.) y Juan Diego Mata Marchena (coord.), *La banda morisca durante los siglos XIII, XIV y XV. Actas de las II Jornadas de Temas Moronenses (17 20 octubre 1994)*. Sevilla: Ayuntamiento de Morón de la Frontera/Fundación Municipal de Cultura «Fernando Villalón».

Carmona Ruiz, María Antonia (1996), «La organización de la actividad ganadera en los concejos del Reino de Sevilla a través de las ordenanzas municipales», *Historia, Instituciones, Documentos*, 23, pp. 113-134.

Carmona Ruiz, María Antonia (1998), *La ganadería del Reino de Sevilla durante la baja Edad Media*. Sevilla: Diputación de Sevilla.

Carmona Ruiz, María Antonia (2003), «La actividad ganadera en Arcos de la Frontera a finales del Medievo», *Actas del I congreso de Historia de Arcos de la Frontera (Arcos de la Frontera, 2003)*. Cádiz: Excmo. Ayuntamiento de Arcos de la Frontera, pp. 286-288.

Carmona Ruiz, María Antonia (2006), «El caballo andaluz y la frontera del reino de Granada», *Cuadernos de Historia de España*, 80, pp. 55-64.

Carmona Ruiz, María Antonia (2009), «Ganadería y frontera: los aprovechamientos pastoriles en la frontera entre los reinos de Sevilla y Granada. Siglos XIII-XV», *En la España Medieval*, 32, pp. 249 272.

Carmona Ruiz, María Antonia y Martín Gutiérrez, Emilio (2010), *Recopilación de las ordenanzas del Concejo de Xerez de la Frontera, siglos XV-XVI*. Estudio y edición. Cádiz: Servicio de Publicaciones de la Universidad de Cádiz.

Carpio Elías, Juan (2017), *Las caballerizas reales de Córdoba en el Siglo XVI. Un proyecto de Estado*. Sevilla: Editorial Universidad de Sevilla.

CARRASCO MANCHADO, ANA ISABEL; MARTOS QUESADA, JUAN y SOUTO LASALA, JUAN ANTONIO (2009), *Historia de España medieval. Al Ándalus.* Madrid: Ediciones Istmo.

CARRIAZO RUBIO, JUAN LUIS (ed.) (2003), *Historia de los hechos del Marqués de Cádiz.* Granada: Universidad de Granada.

CARRIAZO Y ARROQUIA, JUAN DE MATA y GONZÁLEZ JIMÉNEZ, MANUEL (1971), *En la frontera de Granada.* Sevilla: Diputación de Sevilla.

CASAS DE MENDOZA, NICOLÁS (1871), *Tratado completo de zootechnia o de producción animal.* Madrid: Librería de Pablo Calleja y Compañía.

CASTILLO CARACUEL, ALFONSO DEL (1995), *Doce Estampas del Caballo Español.* Córdoba: Nanuk producciones S.L.

Catálogo de algunos autores españoles que han escrito de veterinaria, de Equitación y de Agricultura (1790). Bernardo Rodríguez. Madrid: Imprenta Joseph Herrera.

CHACÓN, HERNÁN (1551),*Tratado de la Cavallería de la Jineta.* Sevilla: Cristóval Álvaro.

COLLANTES DE TERÁN, ANTONIO (1984), *Sevilla durante la baja edad media. La ciudad y sus hombres.* Sevilla: Diputación de Sevilla.

COLLANTES DE TERÁN, ANTONIO (2007), «Los centros urbanos andaluces de la frontera con Granada», *Jornadas de Historia de Lucena.* Lucena: Excelentísimo Ayuntamiento.

Concurso-Venta de Reproductores Caballares. Programa oficial del concurso-venta celebrado en Jerez de la Frontera del 28 de abril al 11 de mayo (1931). Organizado por el Real Centro de Selección y Mercado de Caballos Sementales, Jockey Club y Junta Provincial de Ganadería de Cádiz. Jerez de la Frontera (Cádiz): Cromo-Tipografía «Jerez Gráfico».

COTARELO Y GARASTAZU, JUAN (1861), *La cría caballar en España.* Madrid: Imp. y Lit. Militar del Atlas.

CRESPO-FRANCÉS Y VALERO, JOSÉ ANTONIO (2020), *El regreso del caballo a América. Legado español, la vuelta al mundo biológica del caballo.* [Kindle edición]. Amazon Kindle Publishing.

DE LAS CUEVAS, JOSÉ (1955), *Los caballos de Jerez.* Cádiz (Jerez de la Frontera): Jerez industrial.

DE VILLALOBOS, SIMÓN (1605), *Modo de pelear á la Jineta.* (Dirigido á la muy noble y muy leal Ciudad y Cavalleros de Xerez de la Frontera). Valladolid: Impreso por Andrés de Merchán.

DEL RÍO MORENO, JUSTO (1992), *Caballos y équidos españoles en la conquista y colonización de América*. Sevilla: Real maestranza de Caballería de Sevilla/ASAJA/A.N.C.C.E.S.

DÍAZ GONZÁLEZ, FRANCISCO JAVIER (2002), *La Real Junta de Obras y Bosques en la época de los Austria*. Madrid: Dykinson.

DOMECQ DÍEZ, ÁLVARO (2007), *Mi vereda a galope*. Sevilla: Lettera.

FALOWS, NICK (ed.) (1999), Hernán Chacón, *Tratado de la caballería de la jineta* [1551]. Exeter: University of Exeter Press.

Fascículo publicado con motivo del centenario de la creación de la Yeguada Militar (1989), Jerez: Yeguada Militar de Jerez de la Frontera.

FERNÁNDEZ DE ANDRADA, PEDRO (1580), *De la naturaleza del cavallo. En que están recopiladas sus grandezas, juntamente con el orden que se a de guardar en el hacer de las castas y criar de los potros: y como se an de domar y enseñar buenas costumbres y el modo de enfrenarlos y castigarlos de sus vicios y siniestro*. Sevilla: impreso en «casa de Fernando Díaz».

FERNÁNDEZ DE ANDRADA, PEDRO (1580), *De la nobleza del caballo. En que están recopiladas todas las grandezas justamente con el orden que se ha de guardar en el hacer de las castas y criar de los Potros y como se han de domar y enseñar buenas costumbres y el modo de enfrenarlos y castigarlos de sus vicios y siniestros*. Sevilla: impreso por Hernando Díaz.

FERNÁNDEZ GÓMEZ, MARCO (1997), *Alcalá de los Gazules a fines de la Edad Media a través de las ordenanzas del Marqués de Tarifa*. Cádiz: Servicio de Publicaciones Diputación de Cádiz.

FERNÁNDEZ NAVARRETE, MARTÍN (1837), *Colección de viajes y descubrimientos que hicieron por mar los españoles desde finales del siglo XV*. Madrid: Imprenta Nacional.

FRANCO SILVA, ALFONSO (1995), «El caballo y la caballería en la guerra medieval», *Al-Andalus y el caballo*. Barcelona: Lunwerg Editores S.A (Sierra Nevada '95).

GARCÍA DE LA CONCHA, JOSÉ (1924), *La producción caballar en España*. Madrid: Talleres de los depósitos de Guerra.

GARCÍA FERNÁNDEZ, MANUEL (2005), «Población y poblamiento en la Banda Morisca (siglos XIII-XV)», *La campiña sevillana y la frontera de Granada (siglos XIII-XV): estudios sobre la Banda Morisca*, Sevilla: Fundación Contsa, pp. 49-66.

GARCÍA FITZ, FRANCISCO (2007), «Las guerras de cada día», *Edad Media. Revista de Historia*, 8, pp. 145-181.

Giménez Fernández, Manuel (1960), *Bartolomé de las Casas*. Madrid: CSIC.

Gómez Lama, Manuel (1959), *El caballo andaluz, histórica y actualmente considerado*. [Tesis doctoral]. Sevilla: Universidad de Sevilla.

González de la Peña, Eduardo (2018), *El general Merry y Ponce de León. Una larga vida al servicio de España*. Sevilla: Foure.

González Jiménez, Manuel (1980), *En torno a los Orígenes de Andalucía*. Sevilla: Diputación de Sevilla.

González Jiménez, Manuel (1985), «La caballería popular en Andalucía (siglos XII-XV)», *Anuario de estudios medievales*, 1, pp. 315-329.

González Jiménez, Manuel (1995), «La caballería popular andaluza», *Al-Andalus y el caballo*. Barcelona: *El legado Andalusí*. (Sierra Nevada '95).

González Jiménez, Manuel (2014), «La frontera de Granada: tres siglos de paz y guerra», *Mvrgetana*, 130 (año LXV), pp. 17-29.

Hidalgo Terrón, José (1868), *Tratado de equitación y nociones de veterinaria*. Madrid: Imp. Miguel Ginesta.

Ibn Al-Awwam (1988), *Libro de agricultura* [1802], en José Antonio Banquerí (ed. y trad.) Madrid: Ministerio de Agricultura, Pesca y Alimentación.

Ibn Luyun (1988), *Tratado de Agricultura,* en Joaquina. Eguaras (ed.). Granada: Patronato de la Alhambra y Generalife.

Janini Janini, Rafael (1924), *Selección de estudios de Cría caballar*. Valencia: Imp. hijo de F. Vives Mora.

Jiménez Benítez, Manuel (1994), *El caballo en Andalucía. Orígenes e Historia*. Cría y Doma. Madrid: Ediciones Agrotécnicas S.L.

Jiménez Blanco, José Ignacio (1996), *Privatización y apropiación de tierras municipales en la Baja Andalucía*. Jerez de la Frontera 1770-1995. Cádiz (Jerez de la Frontera): Ayuntamiento de Jerez/Biblioteca de Urbanismo y Cultura.

Laredo Quesada, Miguel Ángel (1989), Granada. *Historia de un país islámico (1232-1571)*. Madrid: Gredos.

Llamas, Juan (1999), «Cuando los cartujos volvieron a criar caballos», *Caballo español,* pp. 30-33.

López Martínez, Antonio Luis (2005), «Una élite rural: los grandes ganaderos andaluces, siglos XIV-XX», *Hispania*, 65(221), pp. 1023-1042.

López Martínez, Antonio Luis (2005-2006), «La yeguada y las explotaciones agrarias de la Cartuja de Nuestra Señora de la Defensión de Jerez de la Frontera», *Revista de Historia de Jerez*, 11-12, pp. 53-90.

Lorca González, Clara Isabel (2019), *Esteban de Garibay. Historia de los reyes moros de Granada*. Granada: Editorial Universidad de Granada.

Marchena Gómez, Manuel (1987), *La imagen geográfica de Andalucía*. Sevilla: Tartessos.

Martín Gutiérrez, Emilio (2004), *La organización durante el paisaje rural durante la Baja Edad Media. El ejemplo de Jerez de la Frontera*. Sevilla: Universidad de Sevilla.

Memoria de la I Exposición-Concurso Internacional de Ganado Selecto (1969), Sevilla: Cámara Oficial Sindical Agraria.

Memoria del concurso General de Ganados de 1913, 1922 y 1931 (1913, 1923, 1931), Organizado por la Asociación general de Ganaderos. Madrid: Graficas Mateo/Imp. de alrededor del mundo y Sucesores de Rivadeneyra.

Mena García, María del Carmen (1998), *Sevilla y las flotas de Indias. La gran armada de Castilla del Oro (1513-1514)*. Sevilla: Universidad de Sevilla.

Meneses García, Emilio (ed.) (1973), *Correspondencia del Conde de Tendilla I (1508-1509)*. Madrid: Real Academia de la Historia.

Miguel, Amaranto y Martínez Baselga, Pedro (1902), *La yeguada militar de Córdoba*. Córdoba: Imprenta La Verdad.

Mira Caballos, Esteban (2014), *La gran armada colonizadora de Nicolás de Ovando (1501-1502)*. República Dominicana (Santo Domingo): Academia Dominicana de la Historia.

Molina Serrano, Eusebio (1899), *Cría caballar y Remonta. Sobre cruzamientos y cría caballar*. Madrid: Establecimiento Tipográfico de los Hijos de R. Álvarez.

Morenés, Felipe (2021), *El caballo en la Historia de Jerez. Discurso de ingreso en la Academia de San Dionisio de Jerez*. Jerez de la Frontera (Cádiz): Real Academia de San Dionisio de Ciencias, Artes y Letras.

MORLA MELGAREJO, BRUNO JOSÉ DE (1737), *Bueltas de escaramuza, de gala a la jineta. Practicadas en la plaza de Jerez de la Frontera*. Puerto de santa María (Cádiz): Imprenta Gómez.

NOGALES RINCÓN, D. (2019), «La monta a *la jineta* y sus proyecciones caballerescas: de la "Frontera de los moros" a la Corte real de Castilla (siglos XIV-XV)», *Intus Legere Historia*, 13, pp. 37-84.

Ordenamiento de Alcalá de 1348. Cortes de Alcalá de 1348.

PARLADÉ Y SÁNCHEZ QUIRÓS, ANDRÉS (1879), *El caballo. Su historia, origen de ciertas razas. Nociones sobre los cruzamientos y mestizajes*. Madrid: Imprenta, Estereotipia y Galvanoplastia de Aribau y Cª.

PÉREZ FERNÁNDEZ, MANUEL (2009), *La reconquista de la frontera del Estrecho (1250-1462)*. Málaga: Sarriá.

POLO Y CATALINA, JUAN (1803), *Censo de frutos y manufacturas de España é Islas adyacentes, ordenado sobre los datos dirigidos por los Intendentes* [1799]. Madrid: Imprenta Real.

POMAR TUDELA LANAZU, PEDRO PABLO (1793), *Causas de la escasez y deterioro de los caballos en España y medios de mejorarlos*. Madrid: Imprenta de la Viuda de D. Joaquín Ibarra.

Primer Centenario de Yeguada Militar: Córdoba 1893 - Jerez 1993 (1993). Córdoba: Ministerio de Defensa/Servicio de Cría Caballar.

Recuperación de las castas caballares (1725), Sello quarto de Felipe V. Madrid.

ROF CODINA, JUAN (1915), *Los concursos de ganado como medio de fomentar y clasificar la ganadería*. Madrid: [s. d.].

ROLDÁN, JERÓNIMO (1981), «Jerez. Feria del caballo», ABC. *Suplemento especial*. Prensa Española S.A. Madrid: ABC de Sevilla.

RUIZ MATA, JOSÉ (2010), *Breve Historia de Jerez de la Frontera*. Jerez de la Frontera (Cádiz): Tierra de Nadie Editores.

SANCHO DE SOPRANIS, HIPÓLITO (1964), *Historia de Jerez de la Frontera desde su incorporación a los dominios cristianos (1255-1492)*, t 1. Jerez de la frontera (Cádiz): Jerez industrial.

SANCHO DE SOPRANIS, HIPÓLITO (2022), *Alfonso X el Sabio y la provincia de Cádiz (1255-1282)*. Cádiz: Editorial UCA.

SANZ PAREJO, JOSÉ (1992), *El caballo de estirpe cartujana*. Madrid: Marbán Libros.

SARAZÁ MURCIA, JOSÉ (1926), «La producción caballar de Andalucía. Raza Andaluza». *Andalucía ganadera y agrícola*, octubre y noviembre, pp. 3-10 y 5-12.

Selección de Estudios de Cría Caballar. Fotografías de caballos de España y de algunos famosos *Thoroughbred* (1925), Madrid: Cría Caballar, 64 láminas.

STEEN, ANDREW K. (2018), *A Concise History of the Spanish Arabian Horse*. Madrid: Tales of the Breed Books.

SZMOLKA CLARES, JOSÉ (2011), *El Conde de Tendillas. Primer capitán general de Granada*. Granada: Editorial Universidad de Granada.

TAYLOR, WILLIAM TREAL T. et al. (2023), «Early dispersal of domestic horses into the Great Plains and northern Rockies», *Science*, 379.

UGARTE-BARRIENTOS, FERNANDO (1958), *Memoria de la Cría caballar de España*. Málaga: Francisco Gil Montes.

VIGUERA MOLÍNS, MARÍA JESÚS (1992), *Los reinos de taifas y las invasiones magrebíes*. Madrid: Editorial MAPFRE, D.L.

VIGUERA MOLÍNS, MARÍA JESÚS (1995), «El caballo a través de la literatura andalusí», *Al-Ándalus y el caballo*. Granada/Barcelona: El Legado Andalusí/Lunwerg Editores (Sierra Nevada '95).

VILLALONGA, JOSÉ LUIS (2016), «Hacer un buen pueblo». *Del campo de Matrera a Villamartín. Análisis de un proceso repoblador en la banda morisca del Reino de Sevilla*. Sevilla: Editorial Universidad de Sevilla.

VIVES VALLÉS, MIGUEL ÁNGEL; MENDIZÁBAL, JOSÉ ANTONIO y MAÑÉ SERÓ, MARÍA CINTA (eds.) (2023), *El siglo de oro del caballo español y las Albéitares de Alfredo Gómez Martínez*. Pamplona: Ediciones Imanguxara.

ZURITA HARO AUÑON, PEDRO MANUEL (1772), *Tratado de Enfrenar Caballos con facilidad y seguridad, y probar que para el perfecto Entrenamiento, es preciso concurran las buenas formaciones y hechuras de los Caballos, según los Autores antiguos y modernos*. Jerez de la Frontera (Cádiz): Impreso por Francisco Espino.